IPA-IAO
Forschung und Praxis

Band 225

Berichte aus dem
Fraunhofer-Institut für Produktionstechnik
und Automatisierung (IPA), Stuttgart,
Fraunhofer-Institut für Arbeitswirtschaft
und Organisation (IAO), Stuttgart,
Institut für Industrielle Fertigung und
Fabrikbetrieb der Universität Stuttgart und
Institut für Arbeitswissenschaft und
Technologiemanagement, Universität Stuttgart

Herausgeber: H. J. Warnecke und H.-J. Bullinger

Christoph Hartfuss

Wissensbasierte Programmierung von Industrierobotern zum Schutzgasschweißen im Stahlhochbau

Mit 48 Abbildungen

Springer-Verlag
Berlin Heidelberg New York
Barcelona Budapest Hongkong
London Mailand Paris
Santa Clara Singapur Tokio 1996

Dipl.-Ing. Christoph Hartfuss

Fraunhofer-Institut für Produktionstechnik und Automatisierung (IPA), Stuttgart

Prof. Dr.-Ing. Dr. h. c. Dr.-Ing. E. h. H. J. Warnecke

o. Professor an der Universität Stuttgart
Fraunhofer-Institut für Produktionstechnik und Automatisierung (IPA), Stuttgart

Prof. Dr.-Ing. habil. Dr. h. c. H.-J. Bullinger

o. Professor an der Universität Stuttgart
Fraunhofer-Institut für Arbeitswirtschaft und Organisation (IAO), Stuttgart

D 93

ISBN 978-3-540-60661-1 ISBN 978-3-642-47878-9 (eBook)
DOI 10.1007/978-3-642-47878-9

Gesamtherstellung: Copydruck GmbH, Heimsheim
SPIN 10525777 62/3020-6543210

Geleitwort der Herausgeber

Über den Erfolg und das Bestehen von Unternehmen in einer marktwirtschaftlichen Ordnung entscheidet letztendlich der Absatzmarkt. Das bedeutet, möglichst frühzeitig absatzmarktorientierte Anforderungen sowie deren Veränderungen zu erkennen und darauf zu reagieren.

Neue Technologien und Werkstoffe ermöglichen neue Produkte und eröffnen neue Märkte. Die neuen Produktions- und Informationstechnologien verwandeln signifikant und nachhaltig unsere industrielle Arbeitswelt. Politische und gesellschaftliche Veränderungen signalisieren und begleiten dabei einen Wertewandel, der auch in unseren Industriebetrieben deutlichen Niederschlag findet.

Die Aufgaben des Produktionsmanagements sind vielfältiger und anspruchsvoller geworden. Die Integration des europäischen Marktes, die Globalisierung vieler Industrien, die zunehmende Innovationsgeschwindigkeit, die Entwicklung zur Freizeitgesellschaft und die übergreifenden ökologischen und sozialen Probleme, zu deren Lösung die Wirtschaft ihren Beitrag leisten muß, erfordern von den Führungskräften erweiterte Perspektiven und Antworten, die über den Fokus traditionellen Produktionsmanagements deutlich hinausgehen.

Neue Formen der Arbeitsorganisation im indirekten und direkten Bereich sind heute schon feste Bestandteile innovativer Unternehmen. Die Entkopplung der Arbeitszeit von der Betriebszeit, integrierte Planungsansätze sowie der Aufbau dezentraler Strukturen sind nur einige der Konzepte, die die aktuellen Entwicklungsrichtungen kennzeichnen. Erfreulich ist der Trend, immer mehr den Menschen in den Mittelpunkt der Arbeitsgestaltung zu stellen - die traditionell eher technokratisch akzentuierten Ansätze weichen einer stärkeren Human- und Organisationsorientierung. Qualifizierungsprogramme, Training und andere Formen der Mitarbeiterentwicklung gewinnen als Differenzierungsmerkmal und als Zukunftsinvestition in *Human Recources* an strategischer Bedeutung.

Von wissenschaftlicher Seite muß dieses Bemühen durch die Entwicklung von Methoden und Vorgehensweisen zur systematischen Analyse und Verbesserung des Systems Produktionsbetrieb einschließlich der erforderlichen Dienstleistungsfunktionen unterstützt werden. Die Ingenieure sind hier gefordert, in enger Zusammenarbeit mit anderen Disziplinen, z.B. der Informatik, der Wirtschaftswissenschaften und der Arbeitswissenschaft, Lösungen zu erarbeiten, die den veränderten Randbedingungen Rechnung tragen.

Die von den Herausgebern geleiteten Institute, das

- Institut für Industrielle Fertigung und Fabrikbetrieb der Universität Stuttgart (IFF),

- Institut für Arbeitswissenschaft und Technologiemanagement (IAT)

- Fraunhofer-Institut für Produktionstechnik und Automatisierung (IPA),

- Fraunhofer-Institut für Arbeitswirtschaft und Organisation (IAO)

arbeiten in grundlegender und angewandter Forschung intensiv an den oben aufgezeigten Entwicklungen mit. Die Ausstattung der Labors und die Qualifikation der Mitarbeiter haben bereits in der Vergangenheit zu Forschungsergebnissen geführt, die für die Praxis von großem Wert waren. Zur Umsetzung gewonnener Erkenntnisse wird die Schriftenreihe "IPA-IAO - Forschung und Praxis" herausgegeben. Der vorliegende Band setzt diese Reihe fort. Eine Übersicht über bisher erschienene Titel wird am Schluß dieses Buches gegeben.

Dem Verfasser sei für die geleistete Arbeit gedankt, dem Springer-Verlag für die Aufnahme dieser Schriftenreihe in seine Angebotspalette und der Druckerei für saubere und zügige Ausführung. Möge das Buch von der Fachwelt gut aufgenommen werden.

H.J. Warnecke   H.-J. Bullinger

Vorwort

Die vorliegende Arbeit entstand während meiner Tätigkeit als wissenschaftlicher Mitarbeiter am Fraunhofer-Institut für Produktionstechnik und Automatisierung (IPA), Stuttgart.

Herrn Prof. Dr. h. c. mult. H.-J. Warnecke danke ich für die wohlwollende Unterstützung und Förderung, die die Durchführung dieser Arbeit ermöglichte.

Herrn Prof. Dr.-Ing. G. Pritschow danke ich für die Übernahme des Mitberichts und für die vielen wertvollen Hinweise, die sich aus der eingehenden Durchsicht und Diskussion des Manuskripts ergeben haben.

Von den Kollegen des Instituts, die mich bei der Durchführung der Arbeit durch vielfältige Hinweise und konstruktive Kritik unterstützt haben, möchte ich vor allem Herrn Prof. Dr.-Ing. R.-D. Schraft, Herrn Dr.-Ing. S. Forster, Herrn Dr.-Ing. P. Schlaich und Herrn Dr.-Ing. U. Zeile erwähnen. Besonders wertvoll war mir die Unterstützung von Herrn Dr.-Ing. M. Schweizer, dessen Bereitschaft, mir stets als Ansprechpartner zur Verfügung zu stehen, sehr viel bedeutete.

Frau L. Schuhmacher, die mich bei der Manuskripterstellung und dem Layout in hilfreicher Weise unterstützt hat, gilt mein besonderer Dank.

Für die Unterstützung bei der technischen Umsetzung des Konzepts richtet sich mein Dank insbesondere an Frau Dipl.-Inform. S. Lembke, Herrn O. Korasiak, Herrn M. Streicher, Frau Dipl.-Inform. R. Trippner und Frau Dipl.-Ing. M. Vögele.

Herzlich danke ich auch meiner Freundin Frau Jutta Vogel, die mich durch Ihr Verständnis und Ihre Geduld während der zahlreichen Wochenenden, an denen diese Arbeit erstellt wurde, sehr unterstützt und motiviert hat.

In tiefer Verbundenheit danke ich meine Eltern, die mir das Erreichen dieses Ziels erst möglich gemacht haben und mir alle Zeit hilfreich und fördernd zur Seite gestanden haben. Ihnen widme ich diese Arbeit.

Stuttgart, im September 1995 Christoph Hartfuss

Inhaltsverzeichnis

0 Abkürzungen und Formelzeichen

Großbuchstaben

Symbol	*Einheit*	*Bedeutung*
A, B, C	°	Orientierungswinkel im Bezugskoordinatensystem
AP	-	Nahtanfangspunkt
AS	-	Ausfahrsegment
BGO	-	Baugruppenorientierung
BF	-	Bahnfolge
BFO	-	Bahnfolgeoptimierung
BG	-	Baugruppe
BK	°	Brennerkröpfungswinkel
BL	mm	Brennerlänge
CAD	-	Computer Aided Design
CAM	-	Computer Aided Manufacturing
CP	-	Bahnsteuerung (Continuous Path)
CPU	-	Zentralprozessor (Central Processing Unit)
D	mm	Materialstärke
DSTV	-	Deutscher Verband für Stahlbau
DVS	-	Deutscher Verband für Schweißtechnik
E	-	Ebene
EKS	-	Endkratersegment
EP	-	Nahtendpunkt
ES	-	Einfahrsegment
FEM	-	Finite-Element-Methode
FT_i	-	Stützpunkt i der Fugentrajektorie
$\vec{G}$	-	gerichteter Graph (im Sinn der Graphentheorie)
GFA	mm	Grenzflächenabstand
GFNV	-	Grenzflächennormalenvektor
HEA	-	breiter I-Träger mit parallelen Flanschflächen und großen Höhen
HEB	-	breiter I-Träger mit parallelen Flanschflächen, leichte Ausführung
HKT_i	-	Stützpunkt i der Hüllkörpertrajektorie
HS	-	Hauptsegment
I	A	Schweißstrom
IGES	-	Initial Graphics Exchange Specification
IPE	-	mittelbreiter I-Träger mit parallelen Flanschflächen

IR	-	Industrieroboter
L	-	warmgewalzter gleichschenkliger rundkantiger L-Stahl
MAG	-	Metall-Aktivgasschweißen
MIG	-	Metall-Inertgasschweißen
NNV	-	Nahtnormalenvektor
NS	-	Nahtsegment
O_{max}	°/s	Grenzwert der Brenner-Orientierungsänderung
OFV	-	Oberflächenvektor
OW	°	Orientierungswinkel
P	-	Menge der Positionierzeiten zwischen den Nähten einer Baugruppe
P_{ges}	-	Gesamt-Positionierzeit einer Baugruppe
PA	-	Wannenlage
PB	-	Horizontallage
PT	-	Profiltyp
PTP	-	Punkt-zu-Punkt-Steuerung (Point-to-Point)
QR	-	Quadratrohrprofil (nach DIN 59410)
RR	-	Rechteckhohlprofil (nach DIN 59410)
RW	°	Rotationswinkel
RWH	-	Raumwinkelhalbierende
S	-	Menge der Schweißnähte einer Baugruppe
SA	-	Stoßart
SE	-	Symmetrieebene
SFP	-	Schweißfolgeplanung
SHB	-	Stahlhochbau
SNV	-	Schweißnahtvektor
SP	-	Skalarprodukt von Vektoren im R^3
SG		Spiegelung an Symmetrieebene
SPP	-	Schweißprozeßplanung
SQL	-	Standard Query Language
SS	-	Startsegment
STP	-	Stützpunkt
SW	°	Steigungswinkel
T	K	Temperatur
TCP	-	Tool Center Point
TP	-	Trajektorienplanung
U	V	Schweißspannung
Üb	-	Überlappung
UP	-	Unterpulverschweißen

UV	-	Ultraviolett
VP	-	Vorhaltepunkt
W	-	Werkstoffart
WIG	-	Wolfram-Inertgasschweißen
WKST	-	Werkstück
X, Y, Z	mm	Raumpunktkoordinaten im Bezugskoordinatensystem

Kleinbuchstaben

Symbol	*Einheit*	*Bedeutung*
a	mm	Nahtstärke
d	mm	Materialdicke
h	mm	Nahtabstand
i, j, k	-	Laufvariablen
n	-	Anzahl Schweißnähte einer Baugruppe
s_i	-	Schweißnaht i einer Baugruppe
p_{ij}	s	Positionierzeit von Naht i zu Naht j
v_s	s	Schweißgeschwindigkeit
$\vec{x}$	-	Ebenennormalenvektor
x, y, z	mm	(allgemeine) Koordinaten im Bezugskoordinatensystem

Griechische Buchstaben und Symbole

Symbol	*Einheit*	*Bedeutung*
α	°	Fugenöffnungswinkel
c	kJ/kg K	spezifische Wärmekapazität
ε	-	Werkstoffdehnung
λ	W/m K	Wärmeleitfähigkeit
ρ	kg/m^3	Dichte
$\pi(i)$	-	Bahnfolgefunktion
$\sphericalangle$	°	Eingeschlossener Winkel zwischen zwei Vektoren
$\exists$	-	Existenzquantor
Σ	-	Summe
$\wedge$	-	Konjunktion
$\vee$	-	Disjunktion
⌚	-	Parallelität
3D	-	dreidimensional

1 Einleitung

1.1 Problemstellung

Nach einer Studie des Deutschen Verbands für Stahlbau (DSTV) wird für den Stahlhochbau bis zum Jahr 2000 nur noch mit einem geringen Wachstum von durchschnittlich 1% gerechnet, falls sich die Produktionsbedingungen nicht wesentlich verbessern /1/. Die wesentliche Ursache für diese Einschätzung liegt in dem unverändert hohen Anteil manueller Tätigkeit und den damit verbundenen hohen Personalkosten, die sowohl zu einem Wettbewerbsnachteil gegenüber der internationalen Konkurrenz als auch zu einer zunehmenden Verdrängung durch den weniger personalintensiven Massivbau führen /2/. Im Vergleich zu anderen Industriezweigen ist im Stahlhochbau der Personalkostenanteil insbesondere deshalb noch immer wesentlich höher, da die Anzahl von Serienprodukten, wie z. B. Normhallen, sehr gering ist und dadurch eine Automatisierung bisher nur in beschränktem Umfang möglich war /3, 4/.

In besonderem Maß gilt dies auch für das im Stahlhochbau am weitesten verbreitete Fügeverfahren, das Schutzgasschweißen /2/. Bisher werden im Stahlhochbau überwiegend das manuelle und mechanisierte Schweißen eingesetzt, obwohl die prinzipielle Eignung des automatisierten Schweißens mit Industrierobotern für den Stahlhochbau bereits nachgewiesen werden konnte /5/. Als Vorteile des Einsatzes von Industrierobotern lassen sich insbesondere die Erhöhung der Produktivität durch die Verkürzung von Positionierzeiten und der Realisierung größerer Schweißgeschwindigkeiten sowie die Sicherstellung einer gleichbleibend guten Fertigungsqualität nennen /6, 7, 8/. Nicht zuletzt verringert sich bei dem Schutzgasschweißen mit Industrierobotern die gesundheitliche Belastung des Bedienpersonals gegenüber dem konventionellen Schweißen, bei dem der Handschweißer Prozeßabgasen und UV-Strahlung ausgesetzt ist /9/.

Der Einsatz von Industrierobotern zum Schutzgasschweißen im Stahlhochbau wird vor allem durch die sehr aufwendige Programmierung verhindert, die für jede neue Baugruppe von neuem durchgeführt werden muß. Je nach Komplexität der Baugruppengeometrie und Art der Schweißaufgabe entstehen dabei Programmierzeiten, die ein Vielfaches der späteren Taktzeit erreichen können. Da während einer Programmierung am Industrieroboter nicht produziert werden kann, führt jede Erstellung oder Veränderung eines Programms zu einem Produktionsausfall und damit zu einer Verminderung der Produktivität des Industrieroboters /10/. Aus diesem Grund werden Industrieroboter zum Schutzgasschweißen bisher überwiegend bei der Fertigung von größeren Stückzahlen eingesetzt, da hier die Produktionsausfallzeiten weniger stark ins Gewicht fallen /11, 12/.

Andererseits besteht gerade für das Schutzgasschweißen in dem Bereich kleiner und mittlerer Stückzahlen ein großes, im Stahlhochbau bisher nicht genutztes Potential für den Einsatz von Industrierobotern /2, 5/. Verstärkt wird dies noch durch den auch im Stahlhochbau erkennbaren Trend zu erhöhter Variantenvielfalt und kleineren Losgrößen, der durch die sich immer schneller ändernden Kundenforderungen bedingt wird /1, 13/.

Um dieses Potential zum Einsatz von Industrierobotern besser ausnutzen zu können, ist über die bestehenden Programmierverfahren hinaus die Entwicklung von verbesserten, "intelligenten" Programmierverfahren notwendig. Erst mit der Verfügbarkeit solcher Verfahren, die den Programmierer umfassend unterstützen und so die Programmierdauer wesentlich reduzieren lassen, kann die Produktivität eines Industrieroboters zum Schutzgasschweißen auch für die kleinen und mittleren Stückzahlen im Stahlhochbau auf ein wirtschaftliches Niveau gehoben werden.

1.2 Zielsetzung und Vorgehensweise

Das Ziel der vorliegenden Arbeit ist die Entwicklung eines Verfahrens zur wissensbasierten Programmierung von Industrierobotern zum Schutzgasschweißen im Stahlhochbau. Dieses Verfahren soll den Weg aufzeigen, wie durch Berücksichtigung der Eigenschaften eines definierten Produktspektrums - hier des Stahlhochbaus - eine weitestgehend automatische Programmierung realisiert werden kann. Damit soll der Produktionsausfall, der durch die Programmierung verursacht wird, soweit wie möglich reduziert und eine möglichst hohe Produktivität des Industrieroboters auch bei kleinen und mittleren Stückzahlen erreicht werden. Durch die Entwicklung von wissensbasierten Methoden soll jede Stufe des schweiß- bzw. robotertechnischen Planungsprozesses so automatisiert werden, daß die Integrität des Planungsprozesses unabhängig von dem Kenntnisstand des Bedieners sichergestellt ist.

Für die Realisierung der oben beschriebenen Zielsetzung werden zunächst die bisher verfügbaren Programmierverfahren für Industrieroboter zum Schutzgasschweißen gegeneinander abgegrenzt und ihre grundlegenden Eigenschaften aufgezeigt und bewertet. Anschließend wird der Stand der Technik von wissensbasierten Verfahren und Expertensystemen in der Schweißtechnik zur Programmierung von Industrierobotern und im Stahlhochbau dargestellt.

In einer Analysephase wird ein repräsentatives Baugruppenspektrum aus dem Stahlhochbau untersucht und dessen geometrische und fertigungstechnische Eigenschaften bestimmt. In Ergänzung dazu werden die Planungsschritte, die zur Programmierung von Industrierobotern zum Schutzgasschweißen notwendig sind, für die Anwendung im Stahlhochbau konkretisiert und gegeneinander abgegrenzt. Aus diesen Analysen werden anschließend die Anforderungen abgeleitet, die an das wissensbasierte Programmierverfahren für den Stahlhochbau zu stellen sind.

Das Konzept des wissensbasierten Programmierverfahrens wird auf der Basis der Anforderungen ausgearbeitet. Dazu werden aus den Planungsschritten, die zur Programmierung von Schweißaufgaben im Stahlhochbau erforderlich sind, voneinander unabhängige Wissensdomänen abgeleitet. Weiterhin wird für das Verfahren eine objektorientierte Datenstruktur entworfen, die alle für die Planung und Programmierung der Schweißaufgaben erforderlichen Daten aufnehmen kann.

Anschließend werden für die einzelnen Wissensdomänen Planungsalternativen aufgezeigt und hinsichtlich der Erfüllung der Anforderungen bewertet. Nach der Auswahl der für die jeweilige Wissensdomäne geeigneten Alternative werden auf dieser Grundlage spezifische Methoden entwickelt, die eine vollständige wissensbasierte Planung für den Anwendungsfall des Stahlhochbaus ermöglichen. Diese Methodenentwicklung umfaßt ausgehend von einer formellen Spezifikation der Zielgrößen die Ableitung der resultierenden Planungsstrategie, die dann in strukturierte Wissenselemente abgebildet wird.

Zur Verifikation des wissensbasierten Programmierverfahrens werden die abgeleiteten Wissenselemente mit Hilfe eines Entwicklungswerkzeugs implementiert. Anhand einer repräsentativen Schweißbaugruppe aus dem Stahlhochbau und eines Industrierobotersystems zum Schutzgasschweißen wird die Funktionsweise des Verfahrens aufgezeigt. Anschließend werden die Vor- und Nachteile des Verfahrens gegenüber den konventionellen Programmierverfahren diskutiert.

2 Ausgangssituation

2.1 Industrieroboter zum Schutzgasschweißen

2.1.1 Definitionen und Begriffe

Im folgenden werden zunächst die zum Verständnis der Thematik wichtigen Definitionen und Begriffe dargestellt und erläutert:

Die **Zeiteinteilung** beim Industrieroboter-Schutzgasschweißen wird in Anlehnung an Gzik /11/ und Aichele /14/ verwendet. Im einzelnen lassen sich folgende wesentliche Zeitanteile voneinander abgrenzen und definieren:

- Die **Programmierzeit** setzt sich aus allen einmalig zu treffenden Maßnahmen zur Erstellung des Schweißprogramms sowie der Einstellung der Schweißparameter und dem Programmtest zusammen. Bei einer Programmierung direkt am Industrieroboter entsteht für die Dauer der Programmierung eine entsprechende Produktionsunterbrechung.

- Die **Taktzeit** beinhaltet sämtliche Zeitanteile während des Ablaufs eines programmierten und automatisch ablaufenden Arbeitsvorganges. Die Taktzeit setzt sich zusammen aus der Schweißzeit, der Positionierzeit sowie den entsprechenden Neben- und Verteilzeiten.

- Die **Schweißzeit** beinhaltet neben der reinen Lichtbogenbrennzeit sämtliche technologisch bedingten Zeitanteile vor dem Zünden und nach dem Erlöschen des Lichtbogens.

- Die **Positionierzeit** ist die Zeit, in der ohne brennenden Lichtbogen Relativbewegungen zwischen Schweißbrenner und Werkstück zur Positionierung der beiden Komponenten gegeneinander oder zur Orientierung des Werkstücks im Raum durchgeführt werden. Die Positionierzeit beinhaltet sowohl die Industrieroboter- wie auch die Werkstückpositionierzeit.

Die **Schweißplanung** schließt sich als Teil der Fertigungsplanung an den Konstruktionsprozeß an und umfaßt die Festlegung aller notwendigen Angaben zur Durchführung von schweißtechnischen Fertigungsprozessen. Beim Industrieroboter-Schutzgasschweißen umfaßt dies insbesondere auch die Festlegung des Schweißprogramms. In Anlehnung an Neumann /15/ und das DVS-Merkblatt 1610 /16/ werden für die Teilaufgaben der Schweißplanung folgende Definitionen zugrunde gelegt:

- Die **Schweißprozeßplanung** hat zur Aufgabe, alle schweißtechnischen Parameter zu bestimmen, die durch das Roboterprogramm festgelegt werden und zum Schweißergebnis beitragen. Diese Festlegungen umfassen sowohl die Parameter zur Ansteuerung der Schweißstromquelle als auch die Bewegungsvorgaben zur Führung des Schweißbrenners während des Schweißprozesses.

- Die **Schweißfolgeplanung** schließt sich an die Schweißprozeßplanung an und hat zur Aufgabe, die Reihenfolge festzulegen, in der die Schweißnähte einer Baugruppe vom Industrieroboter geschweißt werden. Die Planung einer geeigneten Schweißfolge ist insbesondere deshalb wichtig, um die Ausbildung von Eigenspannungen und Schweißverzug möglichst gering zu halten.

- Die **Bahnplanung** schließt sich an die Schweißprozeß- und Schweißfolgeplanung an und legt auf dieser Grundlage alle Achsbewegungen des Industrieroboters und der peripheren Komponenten wie z. B. des Positionierers fest. Die Bahnplanung unterteilt sich in die **Optimierung der Bahnfolge** und die **Planung von Einzeltrajektorien**. Während die Optimierung der Bahnfolge auf der Grundlage der Schweißfolgeplanung die Abfolge von Bewegungsbahnen im Programm des Industrieroboters festlegt, umfaßt die Planung von Einzeltrajektorien als wesentliche Aufgaben die Sicherstellung der Kollisionsfreiheit aller Bewegungen und der Erreichbarkeit aller zu durchfahrenden Raumpunkte sowie die Auflösung der Mehrdeutigkeiten der Roboterkinematik.

2.1.2 Grundlegende Planungsdaten zur Programmierung

Die Komponenten eines Industrierobotersystems zum Schutzgasschweißen und die wesentlichen, zur Programmierung notwendigen Planungsdaten sind in Bild 2.1 zusammengefaßt. Die zentrale Komponente eines solchen Systems stellt der Industrieroboter mit seiner frei programmierbaren Steuerung dar. Am Handachsenflansch des Industrieroboters ist ein Schweißbrenner befestigt, der über ein Schlauchpaket mit der Schweißstromquelle verbunden ist. Die Ansteuerung der Schweißstromquelle erfolgt mit der Robotersteuerung über externe Signalausgänge.

Um die häufig auftretenden Werkstücktoleranzen oder Maßabweichungen im Stahlhochbau auszugleichen, kommen spezielle Sensoren zum Einsatz. Je nach Funktionsprinzip lassen sich die Sensoren im Stahlhochbau in drei Untergruppen einteilen: die prozeßgeführten Sensoren, die taktilen Sensoren und die berührungslosen Sensoren /6, 17, 18/. Zur Aufnahme und Orientierung der Werkstücke während des Schweißens werden Positionierer eingesetzt, die mit rotatorischen und/oder translatorischen Achsen ausgestattet sind und die Funktion haben, die Werkstücke in eine günstige Schweißposition zu orientieren /19, 20/. Positionierer zur Verschiebung bzw. Verdrehung des Industrieroboters dienen zur Vergrößerung des Arbeitsbereichs des Industrieroboters und werden im folgenden als externe Achsen bezeichnet /19/.

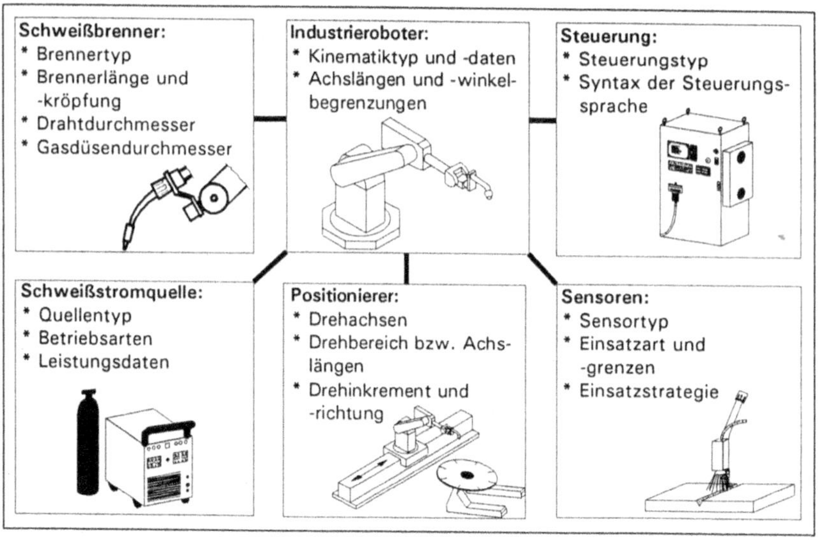

Bild 2.1: Grundlegende Planungsdaten eines Industrierobotersystems zum Schutzgasschweißen

Wesentliche systematische Ansätze und Verfahren zur Planung von Industrierobotersystemen zum Schutzgasschweißen wurden von Gzik /11/ und Utner /21/ vorgestellt. Während Gzik ein Instrumentarium zur Werkstückauswahl und zur Auslegung von Industrieroboterschweißsystemen beschreibt, behandelt die Arbeit von Utner ein Planungsverfahren für die Kinematik von Industrierobotersystemen zum Schutzgasschweißen im Schiffbau.

Eine allgemeine Systematik zur Schweißablaufplanung als Teil der Off-line Programmierung von Bahnschweißrobotern wurde von Luszek entwickelt /22/. Für die Anwendung im Stahlhochbau sind allerdings bisher keine spezifischen Ansätze bekannt, die für die dort verwendete Vielzahl unterschiedlicher Formprofile eine automatische Programmierung von Industrierobotern auf der Grundlage von CAD-Daten ermöglichen.

2.2 Abgrenzung und Einordnung bestehender Programmierverfahren

Eine Übersicht über den Stand der Technik von Programmierverfahren für das IR-Schutzgasschweißen und die wesentlichen Eigenschaften dieser Verfahren sind in Bild 2.2 dargestellt.

Nach einer Untersuchung von Gzik /11/ zur Eignung von Produktspektren für das automatisierte Schutzgasschweißen kann die Wirtschaftlichkeit des Industrieroboter-Einsatzes wesentlich durch die Auswahl eines geeigneten Programmierverfahrens beeinflußt werden. Insbesondere bei kleinen und mittleren Stückzahlen bestimmt das Programmierverfahren in Zusammenspiel mit der produzierten Stückzahl die relative Programmierdauer und damit auch zu einem großen Teil die Wirtschaftlichkeit des Schweißens mit dem Industrieroboter. Diese Aussage wird unterstützt von Dilthey /24/, der den Einfluß der Programmierverfahren wie folgt beschreibt: "je komplexer das Bauteil und je kleiner die Serie, um so ausschlaggebender ist die Bedeutung der Programmierzeit für die Wirtschaftlichkeit eines Industrierobotersystems".

Bei den überwiegend in der industriellen Praxis eingesetzten, direkten Programmierverfahren des Teach-In (Abspeichern von Roboterpositionen) und des Play-Back (Erfassung von Achspositionen in einem festen Zeittakt) können in Extremfällen Programmierzeiten vom bis zum 150-fachen der späteren Taktzeit erreicht werden /10/. Aus diesem Grund sind diese Verfahren für den Einsatz bei Produktspektren mit kleinen und mittleren Stückzahlen oftmals aus wirtschaftlicher Sicht ungeeignet.

Im Gegensatz dazu kann nach Gruhler /29/ durch das Verfahren der sensorgeführten Programmierung eine signifikante Zeiteinsparung gegenüber dem konventionellen Teach-In bzw. dem Play-Back Verfahren erreicht werden. Mit diesem Programmierverfahren sind sowohl eine automatische Programmierung von einzelnen Bahnen entlang einer vorgegebenen Bewegungsrichtung auf beliebig gekrümmten Oberflächen als auch eine handgeführte, servogesteuerte Programmierung mittels eines sensorbestückten Programmierstiftes möglich. Allerdings ist mit diesem Verfahren eine Planung der Schweißprozeßparameter bzw. der Schweißfolge nicht möglich.

Eigenschaften \ Programmierverfahren	Teach-In[1]	Play-Back[2]	Sensorunterstützt[3]	Textuell mit Teach-In[4]	Makro[5]	Textuell[6]	graphische Simulation[7]
Entwicklungsstand	im praktischen Einsatz	im praktischen Einsatz	realisierter Prototyp	im praktischen Einsatz	realisierter Prototyp	nicht im praktischen Einsatz	im praktischen Einsatz
Erforderliche Programmierzeit	typisch 50-120 mal Taktzeit	abhängig von Schweißaufgabe	abhängig vom Sensortyp	kleiner als Teach-In	abhängig von Makro-Häufigkeit	abhängig von Geometrie	vergleichbar Teach-In[8]
Dauer der Produktionsunterbrechung	gesamte Programmierphase	gesamte Programmierphase	gesamte Programmierphase	Teach-In-Phase	Makro-Teach-In-Phase	Einschweiß- und Testphase	Einschweiß- und Testphase
notwendiger Ausbildungsstand des Programmierers	Programmier- und Schweißkenntnisse	Programmier- und Schweißkenntnisse	Programmier- und Schweißkenntnisse	zus. Bedienung Editiersystem	zus. Bedienung Makrosystem	zus. Bedienung Editiersystem	zus. Bedienung Simulationssystem
Zusätzliche Programmiereinrichtungen u. Kosten	keine	keine	Sensor ca. 20 TDM	PC ca. 5 TDM	Makrosystem auf PC (keine Angabe)	PC ca. 5 TDM	Simulationssystem ca. 300 TDM
Schweißtechn. Unterstützung	keine	keine	keine	Verwaltung Schweißlisten	über Makros	keine	keine
Robotertechn. Unterstützung	keine	keine	durch Sensoren	keine	nur bedingt über Makros	keine	vollständig
Fehlerhäufigkeit Programmierung	hoch	hoch	mittel bis hoch	hoch	mittel	hoch	gering
Programmverifikation	direkt am IR	direkt am IR	direkt am IR mit Sensoren	direkt am IR	direkt am IR	direkt am IR	durch Simulation
Direktübernahme von CAD-Daten	nicht möglich	nicht möglich	nicht möglich	nicht möglich	nicht möglich	nicht möglich	nur Geometrie

[1] Quelle: /11, 19, 23, 24/
[2] Quelle: /25, 26, 27/
[3] Quelle: /6, 17, 27, 28, 29/
[4] Quelle: /30, 31/
[5] Quelle: /28, 31, 32, 33, 34/
[6] Quelle: /25, 35, 36/
[7] Quelle: /23, 37, 38, 39/
[8] Quelle: Anwenderbefragung

Bild 2.2: Eigenschaftsmatrix von Programmierverfahren für Industrieroboter zum Schutzgasschweißen

Auch die anderen (indirekten) Programmierverfahren bieten bisher nur eingeschränkte oder unzureichende Lösungen und weisen grundsätzliche Entwicklungsdefizite auf, die im folgenden kurz zusammengefaßt sind:

- Die textuelle Programmierung ist nach Schumacher /36/ insbesondere geeignet zur einheitlichen Programmierung von Roboterzellen mit unterschiedlichen Automatisierungskomponenten. Bei komplexeren Werkstücken und Programmieraufgaben zeigt sich allerdings, daß die rein textuelle Programmierung ohne weitere Hilfsmittel, wie beispielsweise ein Simulationssystem, die Vorstellungskraft des Programmierers überfordert und der Zeitaufwand und die Fehleranfälligkeit der Programmierung stark ansteigen /12, 35/.

- Die textuelle Programmierung mit Teach-In ermöglicht zwar einerseits die Editierung von Programmteilen und Programmierung von Schweißparametern ohne Produktionsunterbrechung, aber andererseits muß der Bewegungsverlauf des Industrieroboters noch immer über das Teach-In-Verfahren eingegeben werden. Dies führt zu nur unwesentlich kürzeren Produktionsunterbrechungen wie beim Teach-In-Verfahren /31/.

- Die Makro-Programmierung ist seit mehreren Jahren Gegenstand von Forschungsarbeiten und ermöglicht grundsätzlich eine Verkürzung der Programmierzeiten. Allerdings gilt dies nur für Baugruppen mit identischen, immer wiederkehrenden Schweißnahtbildern, da ansonsten die Schweißnähte im konventionellen Teach-In-Verfahren als neue Makros eingegeben werden müssen, wodurch wiederum eine entsprechend lange Programmierzeit direkt am Industrieroboter entsteht /31, 32/. Wesentliche Arbeiten zu diesem Verfahren stammen von Liebenow /33/, der ein Verfahren zur Makroprogrammierung von Industrierobotern zum Schutzgasschweißen im Schiffbau entwickelt hat, und von Schmid, der in /34/ ein Verfahren zur makrobasierten Arbeitsprogrammgenerierung vorstellt. Beiden Verfahren ist allerdings gemeinsam, daß sie ausschließlich für die spezifischen Belange und Bedingungen des Schiffbau-Schweißens von Boxen in Schiffssektionen entwickelt wurden und nicht ohne grundlegende Modifikationen auf die Anforderungen z. B. des Stahlhochbaus übertragen werden können.

- Die Programmierung am Simulationssystem erlaubt bisher keine umfassende Berücksichtigung der Schweißplanung, die beim IR-Schutzgasschweißen als Voraussetzung vor der eigentlichen Bahnplanung und Programmierung erfolgen muß. Es ist nicht oder nur unzureichend möglich, zu vorgegebenen Fugengeometrien automatisch geeignete Schweißparameter auswählen zu lassen oder eine geeignete Schweißposition und Brennerorientierung vorzugeben /10, 23/. Weitere Defizite der Programmierung am Simulationssystem resultieren aus dem hohen Modellierungsaufwand, der für ein Volumenmodell der zu schweißenden Baugruppe erforderlich ist, und der komplexen Systembedienung, die einen erfahrenen Bediener mit umfangreicher Zusatzqualifikation erforderlich macht /27/.

Für alle oben beschriebenen Programmierverfahren gilt darüber hinaus, daß dem Programmierer keine hinreichende Unterstützung bzw. Hilfestellung in schweiß- und robotertechnischen Fragestellungen gegeben wird. Aus diesem Grund besteht ein Entwicklungsbedarf an neuen Programmierverfahren, um sowohl eine weitere Verkürzung der Programmierdauer durch eine Teilautomatisierung der Programmierung zu ermöglichen als auch durch die Bereitstellung von Planungswissen den Programmierer bei der Programmerstellung sinnvoll zu unterstützen. Dazu werden im folgenden Ansätze wissensbasierter Methoden und Systeme vorgestellt, die die notwendigen Hilfsmittel für die Entwicklung eines solchen Verfahrens bereitstellen.

2.3 Wissensbasierte Methoden und Systeme

2.3.1 Struktur und Eigenschaften wissensbasierter Systeme

Wissensbasierte Systeme haben zum Ziel, das Spezialwissen und die Schlußfolgerungsfähigkeit qualifizierter Fachleute auf einem eng begrenzten Arbeitsgebiet nachzubilden. Dabei erfolgt eine grundsätzliche Trennung zwischen dem Spezialwissen und einer allgemeinen Schlußfolgerungskomponente, die unabhängig von dem jeweiligen Anwendungsbereich arbeitet /40, 41/.

Ein wissensbasiertes System setzt sich im allgemeinen Fall aus folgenden Komponenten zusammen /42, 43/:

- Die Wissensbasis - auch als Wissensdomäne bezeichnet - enthält das fachspezifische Wissen, das zur Lösung eines Problems benötigt wird.
- Die Wissenserwerbskomponente dient zur Implementierung des Wissens bzw. zur Aktualisierung der Wissensbasis.
- Die Dialogkomponente steuert die Kommunikation zwischen dem Benutzer und dem wissensbasierten System.

- Die Erklärungskomponente begründet und legt die vom wissensbasierten System gezogenen Schlußfolgerungen und ausgegebenen Ergebnisse dar.
- Die Problemlösungskomponente (oder auch Inferenzkomponente) wendet das Expertenwissen der Wissensbasis zur Lösung der aktuellen Aufgabenstellung an. Die Zeit, die zur Lösung der Aufgabenstellung benötigt wird, bezeichnet man als Wissenspropagationszeit.

Die Abbildung und Strukturierung von fachspezifischem Wissen in einer Wissensbasis bezeichnet man als Wissensrepräsentation. Zur Wissensrepräsentation stehen mehrere Formen zur Verfügung, die in Bild 2.3 in einer Übersicht zusammengefaßt sind. Grundsätzlich werden in der Literatur zwei Hauptformen der Wissensrepräsentation unterschieden: die ***deklarative*** und die ***prozedurale*** Repräsentationsform.

Während sich die deklarative Wissensrepräsentation auf die Darstellung reiner Fakten bzw. Daten und ihrer gegenseitigen Abhängigkeiten beschränkt, umfaßt die prozedurale Repräsentation Regeln und Algorithmen, um vorgegebene Informationen gezielt zu bestimmen, sowie Prozeduren zur Benutzerkommunikation.

Grundsätzlich kann die Abbildung fachspezifischen Wissens über verschiedene Formen der Wissensrepräsentation erfolgen. Da sich diese Formen je nach Problemstellung und Struktur des fachspezifischen Wissens erheblich in ihrer Leistungsfähigkeit unterscheiden, ist eine explizite Bewertung der möglichen Repräsentationsformen hinsichtlich ihrer Eignung für das jeweilige Wissensgebiet notwendig /43, 44/.

2.3.2 Anwendungen wissensbasierter Systeme in der Schweißtechnik

Die Schweißtechnik einschließlich des Industrieroboter-Schutzgasschweißens ist ein sehr komplexes und umfangreiches Gebiet, in dem viele Entscheidungen von Experten auf der Basis von langjähriger Erfahrung und durch logische oder intuitive Verknüpfung einer Vielzahl voneinander unabhängiger Parameter getroffen werden /55/. Aus diesem Grund versagen oftmals herkömmliche Planungs- und Diagnosesysteme, da sie nicht in der Lage sind, dieses Wissen in vollem Umfang zu nutzen. Im Gegensatz dazu können wissensbasierte Systeme mit ihrer Fähigkeit, menschliches Wissen und Schließen in eng abgegrenzten Bereichen nachzubilden, eine wertvolle Unterstützung bei der Diagnose und Planung schweißtechnischer Aufgabenstellungen geben /55/.

Deklarative Wissensrepräsentation		
Repräsentationsform	*Kurzcharakteristik und Eigenschaften*	*Quelle*
Prädikatenlogik 1. und 2. Ordnung	• Informationsdarstellung über logische Ausdrücke • Ableitung von Schlußfolgerungen über formale Verknüpfungsregeln	/45, 46/
Fuzzy-Logik	• mehrwertige Logik • auch Zwischenzustände können abgebildet werden	/47, 48/
Modale Logik	• Logik mit modalen Operatoren wie "möglicherweise" oder "manchmal"	/49/
Semantische Netze	• Wissen wird in Form gerichteter Graphen abgebildet • Graphen setzen sich aus Knoten (den Daten) und Kanten (den Beziehungen zwischen den Daten) zusammen	/49, 50/
Neuronale Netze	• Durch das Einlernen von Neuronen kann Wissen über Schlußfolgerungen abgebildet werden • Besondere Eigenschaften: Lernfähigkeit, Robustheit	/51, 52/
Frames (Schema zur Wissensdarstellung in Objektform)	• Objektorientierte Darstellung des Wissens mit vorgegebener Grundstruktur und Vererbungsmechanismen • Möglichkeit der Zuordnung von Prozeduren und Erwartungswerten zu Wissenselementen	/40, 49/
Prozedurale Wissensrepräsentation		
Repräsentationsform	*Kurzcharakteristik und Eigenschaften*	*Quelle*
Produktionssysteme mit Produktionsregeln	• Regeln sind aufgebaut aus Bedingungs- und Aktionsteil • Vorwärts- und Rückwärtsverkettung möglich • Wissensstrukturierung erfolgt modular in Domänen	/40, 41/
Constraints (Beschreibungsform für Abhängigkeiten zwischen Objekten)	• Geeignet zur Repräsentation von lokalen Randbedingungen und allgemeinen Relationen zwischen Objekten • Lösungsfindung über einfache bzw. symbolische Propagierung und Fallunterscheidung	/40, 53/
Blackboard Systeme (mehrere Wissensbanken mit gemeinsamer Datenstruktur)	• Aufsplittung der Wissensdomäne in unabhängige Wissensquellen, die über ein "Blackboard" kommunizieren • Geeignet zur Koordination unabhängiger Wissensquellen	/50, 54/

Bild 2.3: Repräsentationsformen zur Abbildung von fachspezifischem Wissen

Eine Übersicht über die im Bereich des Schutzgasschweißens eingesetzten wissensbasierten Systeme wird in Bild 2.4 gegeben.

Bezeichung / Funktion	**Entwickler / Anbieter (Land)**	**Einsatzgebiet**	**Einsatz-zweck**
Schweißverfahrensauswahl beim Verbindungsschweißen	Krupp MaK (D)	Schweißen in der Stahlindustrie	Planung
Beratungssystem Schweiß-technologie	New Zealand Weld. Cooperation	Schweißtechnik	Planung
Informationssystem zur Auswahl von Schweißzusätzen	Hauck / Thyssen (D)	Schweißtechnik	Information/ Planung
Diagnosesystem für Punkt- und Dünnblechschweißen	Kuhne / Daimler-Benz (D)	Schweißtechnik	Diagnose
Fehlerdiagnose beim WIG-Schweißen	Framatome (F)	Schweißtechnik	Diagnose
Auswahl von Schweißelektroden	American Welding Institute (USA)	Schweißtechnik	Planung
Beratungssystem zur Auswahl geeigneter Schweißverfahren	Univ. Southampton (UK)	Schweißverfah-renstechnik	Planung
Kontrolle von Schweißrobotern	Westinghouse R&D (USA)	IR-Schweiß-technik	Diagnose
Schweißbedingungen für Druck-behälter	WRI, Osaka Univ. (J)	Behälterschweiß-technik	Planung
System zur Erkennung von Schweißfehlern	TWI (UK)	Qualitätssiche-rung Schweißen	Diagnose
Auswahl Schweißverfahren, Schweißparameter, Fehler-interpretation XT-Aufnahmen	TU Berlin (D)	Schweißtechnik	Planung
System zur Prozeßoptimierung beim MAG-Schweißen	ISF, RWTH Aachen, (D)	Schweißverfah-renstechnik	Planung
Auswahl geeigneter Schweißver-fahren	CEGB (UK)	Schweißverfah-renstechnik	Planung
Auswahl Schweißzusatzwerk-stoffe	AWI, Knoxville (USA)	Schweißtechnik	Planung
Lernfähiger Lichtbogensensor für variierende Fügestellengeometrie	ISF, RWTH Aachen (D)	Schweißtechnik, Sensortechnik	Prozeß-regelung
Schweißproduktion, Schweißer-ausbildung	NEI Parsons Ltd. (UK)	Schweißfertigung	Planung
Wissensbasiertes System für das Aluminiumschweißen	Carnegie Mellon Univ. (USA)	Schweißtechnik	Planung

Bild 2.4: Übersicht über wissensbasierte Systeme für die Schweißtechnik /55 - 65/

Obwohl bereits eine Vielzahl weiterer Ansätze existiert, die in Verhalten und Aufbau einem wissensbasierten System sehr nahe kommen, sind jedoch in Bild 2.4 nur Anwendungen aufgenommen, die im engeren Sinne zu den wissensbasierten Systemen gerechnet werden können. Als Beispiel für eine Anwendung im Schutzgasschweißen sei das wissensbasierte System von Barborak u. a. für die on-line Kopplung mit Industrierobotern genannt, das den Schweißprozeß überwacht und Parameterwerte für Drahtvorschub, Schweißgeschwindigkeit und -spannung vorgibt /56/.

2.3.3 Anwendungen wissensbasierter Systeme zur Programmierung von Industrierobotern

Auch zur Programmierung von Industrierobotern existieren bereits einige wissensbasierte Systeme, die allerdings ein sehr unterschiedliches Leistungsspektrum aufweisen. Es ist bisher kein Programmiersystem für die Anwendung im Stahlhochbau bekannt. Zur Abgrenzung werden im folgenden die für das Schutzgasschweißen wichtigsten wissensbasierten Ansätze und Systeme zur Industrieroboter-Programmierung vorgestellt:

- Ein adaptives, PC-basiertes Off-line Programmiersystem für Schweißrobotersysteme wird von Goh u. a. in /66/ beschrieben. Dieses System beschränkt sich auf die CAD-Modellierung einfacher Werkstückgeometrien und die partielle Unterstützung eines Expertensystem-Moduls zur Auswahl von Schweißparametern.

- Rubinovitz stellt in /67/ ein aufgabenorientiertes Off-line Programmiersystem vor, das für Werkstücke aus dem Dünnblechbereich eine automatisierte, zweidimensionale Schweißfolgeplanung von Nähten in einer Ebene ermöglicht. Diese Schweißfolgeplanung beinhaltet einerseits die Bestimmung von kollisionsfreien Verfahrwegen von einer Naht zur nächsten und andererseits einen modifizierten Travelling-Salesman-Algorithmus zur Bestimmung des kürzesten Gesamtweges zum Schweißen der Baugruppe.

- Sicard und Levine /68/ stellen den Entwurf einer adaptiven Regelung des Schweißprozesses für das automatisierte MAG- und WIG-Schweißen vor, das auf der Grundlage einer Modellierung des Schweißprozesses und der Verarbeitung von Sensordaten den Schweißprozeß einschließlich aller Prozeßparameter regelt.

- Stellvertretend für die Systeme zur wissensbasierten Programmierung außerhalb der Schweißtechnik sollen die Entwicklungen von Wloka /69/ und von Kreis /70/ zur wissensbasierten Robotersimulation und -programmierung für Montageaufgaben genannt werden. Eine Übersicht über den Anwendungsstand künstlicher neuronaler Netze bei der Roboterprogrammierung gibt Wloka in /51/. Raczkowsky stellt in /71/ ein Blackboard-System für die Diagnose von Montageaufgaben mit dem Industrieroboter vor.

2.3.4 Anwendungen wissensbasierter Systeme im Stahlhochbau

Der Erkenntnisbedarf für wissensbasierte Systeme im Stahlhochbau ergibt sich im wesentlichen aus den spezifischen Unterschieden zu anderen Branchen wie beispielsweise dem Schiff- oder dem Automobilbau, die eine Entwicklung eigenständiger wissensbasierter Systeme zur Programmierung erforderlich machen. Die wichtigsten Unterschiede und Abgrenzungsmerkmale des Stahlhochbaus gegenüber anderen Branchen sind im folgenden kurz zusammengefaßt.

- Der Stahlhochbau läßt sich charakterisieren durch den Einsatz einer Vielzahl unterschiedlicher Formprofile, die so in keiner anderen Branche Verwendung finden (siehe Kap. 3.1). Um für diese Formprofile eine automatische Programmierung für das Industrieroboter-Schutzgasschweißen zu realisieren, ist die Abbildung der Geometrieelemente der Formprofile und das Wissen zu ihrer Programmierung in einem eigenständigen wissensbasierten System erforderlich.

- Aufgrund des "Einzelstück-Charakters" der Bauwerke im Stahlhochbau und einer stark auftragsbezogenen Fertigung überwiegen kleine bis mittlere Losgrößen, die bei einer Programmierung mittels eines der bestehenden Programmierverfahren zu einem sehr hohen Aufwand führen (siehe Kap. 3.1). Erst durch die Entwicklung eines wissensbasierten Verfahrens zur weitestgehend automatischen Programmierung kann der Aufwand für diesen Anwendungsfall reduziert werden.

- Es bestehen im Stahlhochbau besondere Vorschriften und Randbedingungen für das IR-Schweißen, die bei einer automatischen Programmierung nur durch ein eigenständiges wissensbasiertes System berücksichtigt werden können (siehe Kap. 3.2).

Allerdings sind für das Anwendungsgebiet des Stahlhochbaus bisher keine wissensbasierten Systeme zur Programmierung von Industrierobotern zum Schutzgasschweißen bekannt. Zur Abgrenzung gegenüber anderen wissensbasierten Systemen aus dem Stahlhochbau wird im folgenden eine Übersicht über realisierte bzw. in Entwicklung befindliche Systeme aus diesem Bereich gegeben:

- Pegels beschreibt in /72/ die Lösung von Konstruktionsaufgaben des Stahlbaus mit Hilfe eines CAD/CAM-Expertensystems, das über Regeln den Entwurf und die Detailkonstruktion von Stahlbaukonstruktionen unterstützt. Insbesondere leistet das System eine automatische Detaillierung von Schweißkonstruktionen aus der vom Konstrukteur vorgegebenen Grundgeometrie mit der Ausgabe aller technischen Zeichnungen und Stücklisten.

- Schürmann stellt in /73/ ein Expertensystem für Konstruktionsaufgaben im Stahlbau vor. Anhand des Prototyps eines "Nachweisexpertensystems" für Bemessungsaufgaben im Stahlbau nach DIN 18880 werden ingenieurorientierte Problemlösungsstrategien und Entscheidungsvorgänge auf einem Computer abgebildet und simuliert. Das System weist eine hybride Architektur auf, die sowohl objektorientierte als auch regelbasierte Wissensverarbeitungsstrategien beinhaltet.

3 Analyse des Produktspektrums und Ableitung von Anforderungen an das wissensbasierte Programmierverfahren

3.1 Analyse des Produktspektrums

3.1.1 Abgrenzung des Untersuchungsfeldes

Zur Abgrenzung des Untersuchungsfeldes und zur Analyse des Produktspektrums im Stahlhochbau wurde auf Datenmaterial aus dem statistischen Jahrbuch, der Studie "Stahlbau 2000" des Deutschen Verbands für Stahlbau (DSTV) und auf Produktionsdaten eines repräsentativen Unternehmens des Stahlhochbaus zurückgegriffen /1, 74/.

Nach den Angaben der DSTV-Studie und des statistischen Jahrbuchs umfaßte die Stahlbauproduktion im Jahr 1992 eine Menge von 2,7 Mill. t mit einem Wert von insgesamt 17,7 Mrd. DM. Nach dem starken Wachstum von durchschnittlich 5,7% in den Jahren 1986 bis 1990 wird bis zum Jahr 2000 nur noch mit einem geringen Zuwachs von durchschnittlich 1% gerechnet. Der größte Anteil der Stahlbauproduktion liegt dabei in dem Bereich des Stahlhochbaus (Hallenbauten, Skelett-, Stütz- und Trägerkonstruktionen), auf den sich die folgenden Untersuchungen konzentrieren.

Die Grundlage jedes Produktspektrums im Stahlhochbau stellen die in DIN 18800 vorgegebenen Stahlwerkstoffe dar, die in den bekannten Formen als Walzerzeugnisse weiterverarbeitet werden (Grob- und Feinbleche, Hohl- und Kaltprofile sowie Form-, Stab- und Breitflachstähle) /75, 76/. Aus diesen Walzerzeugnissen werden durch thermisches Fügen Baugruppen wie z. B. Stützen, (Fachwerk-)Träger oder Rahmen hergestellt /77/.

Als thermische Fügeverfahren werden im Stahlhochbau überwiegend die Lichtbogenschweißverfahren eingesetzt /75/. Für die mechanisierte und automatisierte Fertigung sind von diesen Verfahren ausschließlich das Schutzgasschweißen im MAG-, MIG- und WIG-Verfahren sowie das Unterpulverschweißen (UP) von Bedeutung. Während das UP-Schweißen im Stahlhochbau für mechanisierte Fügevorgänge eine starke Verbreitung gefunden hat, wird das WIG-Schweißverfahren nur sehr selten eingesetzt, z. B. für das Schweißen von dünnen Blechen und für das Wurzelschweißen von dicken Blechen. Für das automatisierte Schweißen mit Industrierobotern dominiert im Stahlhochbau das MAG-Verfahren /2, 11, 78/.

Zur Bestimmung der wesentlichen produktionstechnischen Einflußfaktoren, die für einen zukünftigen Markterfolg im Stahlhochbau notwendig sind, wurde eine Befragung von 20 branchenerfahrenen Experten durchgeführt. Die Auswertung der Befragung ergab, daß insbesondere die im folgenden aufgeführten Faktoren als wesentlich für die zukünftige Ausrichtung der Produktionstechnik im Stahlhochbau angesehen werden:

- die weitere Reduktion der Lohnstückkosten, um dem Konkurrenzdruck aus Niedriglohnländern und von Seiten des Massivbaus besser begegnen zu können,
- die Reduktion der Durchlaufzeit, um den Markt mit kundenspezifischen Lösungen möglichst schnell bedienen zu können, ohne daß die Lieferbereitschaft durch große Lagerbestände mit hoher Kapitalbindung erkauft wird,
- die Sicherstellung der geforderten Fertigungsqualität (insbesondere der Schweißgüte), um die gestiegenen Qualitätsanforderungen der Kunden besser erfüllen zu können und einen Wettbewerbsvorteil zu erzielen.

Aufgrund der überwiegend mittelständischen Struktur der Unternehmen des Stahlhochbaus /1/ fehlen in der Regel Fachkräfte, die sich in hinreichendem Umfang mit der Planung und Programmierung von Industrierobotern zum Schutzgasschweißen befassen können bzw. hinreichende Kenntnisse der Schweiß- und Robotertechnik besitzen.

3.1.2 Analyse eines repräsentativen Produktspektrums

Um die Anforderungen an ein geeignetes Programmierverfahren für das Industrieroboter-Schutzgasschweißen im Stahlhochbau zu ermitteln, wird im folgenden das Produktspektrum eines repräsentativen mittelständischen Unternehmens aus der Stahlhochbau-Branche analysiert. Dazu wurden alle Daten von Baugruppen, die in dem Unternehmen nach dem MAG-Verfahren verschweißt wurden, erfaßt und in ein Klassifikationsschema eingeordnet. Diesem Klassifikationsschema liegt eine Unterteilung nach Profiltyp, Baugruppenlänge und Anzahl von weiteren Anschweißteilen zugrunde. Die Einordnung in das Klassifikationsschema ergab eine Zahl von 1915 verschiedenen Baugruppentypen bei einer Gesamtproduktion von 24322 Einheiten pro Jahr. Die Verteilung der produzierten Baugruppen pro Baugruppentyp ist in Bild 3.1 dargestellt.

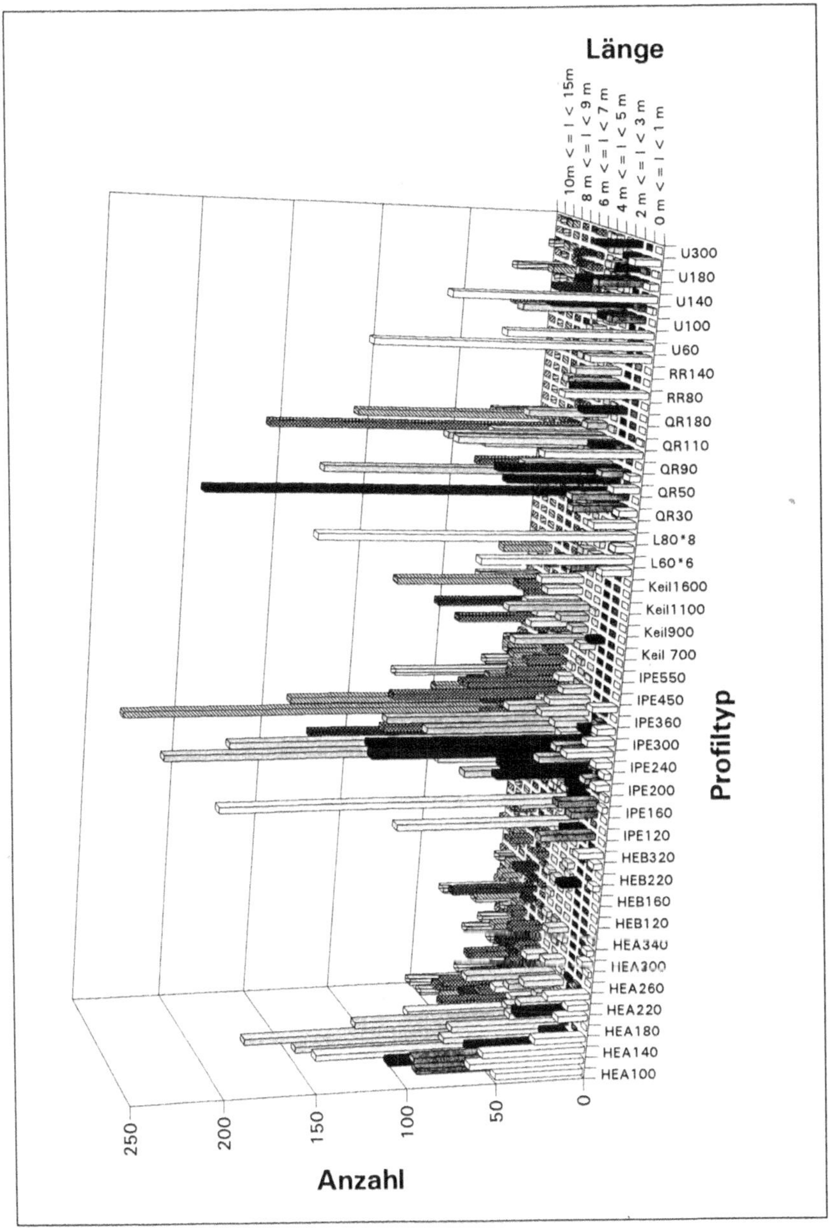

Bild 3.1: Anzahl und Verteilung von Baugruppentypen

Die überwiegende Zahl von Baugruppen (70,1%) wird in Stückzahlen kleiner 100 pro Jahr hergestellt, während im Bereich zwischen 100 und 200 Stück pro Jahr 22,3% der Baugruppen produziert werden. In Stückzahlen größer 200 pro Jahr werden nur 7,6% der Baugruppen hergestellt.

Aus dieser Stückzahlverteilung ergibt sich auf der Grundlage von Untersuchungen von Gzik /11/ und Dilthey /10/, daß die direkten Programmierverfahren für dieses Produktspektrum aus wirtschaftlicher Sicht nicht geeignet sind. Im Vergleich zum manuellen Schweißen führen die direkten Programmierverfahren aufgrund der Dauer der Produktionsunterbrechung zu einem ungünstigen Verhältnis zur verbleibenden Produktionszeit. Auch die anderen Programmierverfahren sind aus den in Kap. 2.2 erläuterten Gründen (wechselnde Schweißnahtbilder, geometrische Komplexität der Baugruppen, hohe Investitionskosten) nicht oder nur unzureichend für die Produktspektren des Stahlhochbaus geeignet /5, 11/.

Aufgrund der stark kundenbezogenen Fertigung im Stahlhochbau und den immer kürzer werdenden Lieferzeiten ist gerade für dieses Produktspektrum eine möglichst kurze Planungs- und Programmierdauer erforderlich, damit die benötigte Zeit zur Abwicklung eines Fertigungsauftrags entsprechend verkürzt werden kann. Um dies zu erreichen, ist man bestrebt, CAD-Daten aus der Konstruktion soweit wie möglich für die Programmierung zu nutzen, um so bereits während der Konstruktionsphase, ohne daß ein Baugruppen-Prototyp vorliegt, die Programmierung durchführen zu können /79/.

3.2 Strukturierung des Planungs- und Programmierprozesses zum Schutzgasschweißen mit Industrierobotern

Der Planungsprozeß zum IR-Schutzgasschweißen im Stahlhochbau läßt sich prinzipiell in zwei Bereiche unterteilen: die Planung des eigentlichen Schweißprozesses und die Bahnplanung zur Vorgabe der Bewegungen des Industrieroboters. Während bei der Schweißplanung ausschließlich prozeßrelevante Parameter bestimmt werden, die zum Erreichen des geforderten Schweißergebnisses erforderlich sind, werden bei der Bahnplanung unter Berücksichtigung von Optimierungskriterien diejenigen Parameter festgelegt, die eine eindeutige Beschreibung der Industrieroboter-Bewegungsbahn einschließlich der Umorientierungen des Positionierers ermöglichen.

3.2.1 Planung des Schweißprozesses

Die prinzipielle Vorgehensweise bei der Planung des Schweißprozesses basiert auf der in Bild 3.2 dargestellten Ablaufbeschreibung /15, 24/.

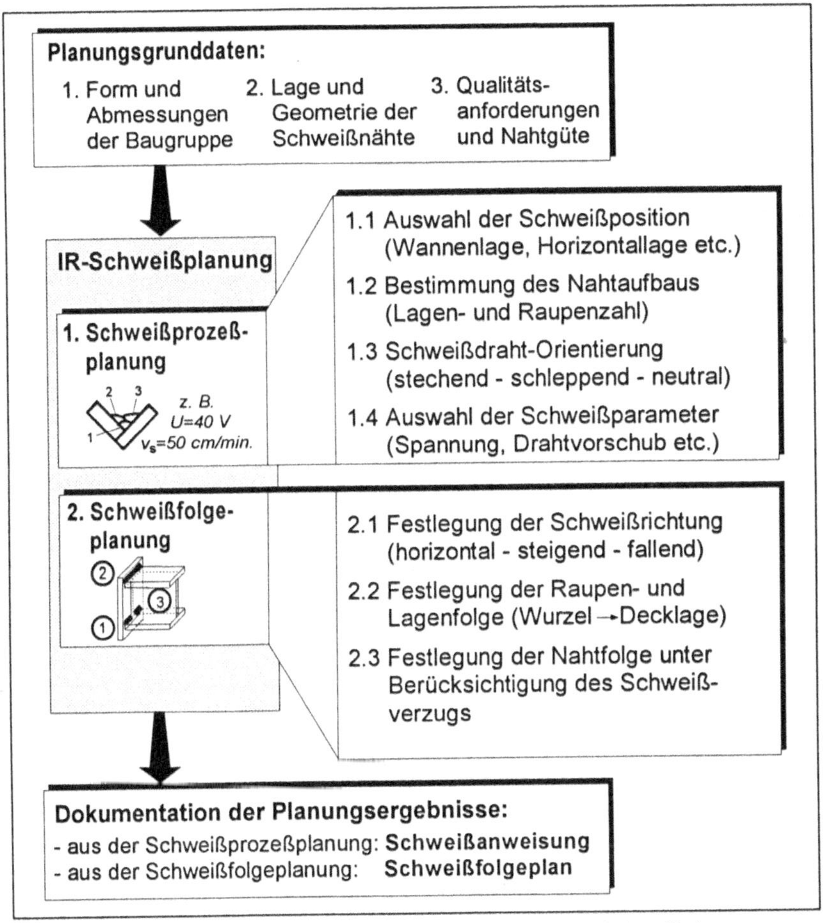

Bild 3.2: Ablaufbeschreibung des Planungsprozesses zur IR-Schweißplanung

Eine umfassende formelle Darstellung zur Planung von Schweißaufgaben im Stahlhochbau existiert bisher noch nicht. Um den Schweißprozeß sicher zu beherrschen und die geforderte Schweißgüte zu erreichen, ist die Berücksichtigung stahlbauspezifischer Vorgaben und Randbedingungen erforderlich. Eine Analyse dieser Vorgaben und der daraus resultierenden Maßnahmen für die Planung führt zu der in Bild 3.3 dargestellten Übersicht.

Norm	Planungsvorgaben und -restriktionen	Planungsmaßnahmen
DIN EN 25817: Lichtbogen-schweißverbin-dungen an Stahl ("Richtlinien für die Bewertungs-gruppen von Unregel-mäßigkeiten")	• Vermeidung von Rissen, Poren, Bindefehler, Nahtdickenunterschreitung	→ Verwendung von anlagenspezifischen Schweißparametern
	• Vermeidung der Ungleichschenkligkeit bei Kehlnähten	→ Vorgaben zur Positionierung und Orientierung des Brenners
	• Vermeidung von Endkratern und -rissen	→ Planung der Endkraterfüllung
	• Vermeidung von Ansatzfehlern in Fugenlängs- und -querrichtung	→ Kompensation des Längs- und Querversatzes der Schweißfuge
	• Ausgleich schlechter Passung bei Kehlnähten	→ Planung einer pendelnden Brennerbewegung
DIN 18800: Vorgaben zum Schweißen von Stahlbauten	• Zuverlässige, nachvollziehbare und wiederholbare Planung	→ Abbildung der geplanten Schweißarbeiten in einem Schweißplan
	• Einhaltung von Maß- und Formhaltigkeit der Schweißbaugruppe	→ Vermeidung von Schweißverzug durch Schweißfolgeplanung

Bild 3.3: Übersicht über Vorgaben und Maßnahmen zur Schweißplanung im Stahlhochbau /75, 80/

Diese Planungsmaßnahmen bilden für die Konzeption des wissensbasierten Programmierverfahrens eine wesentliche Grundlage und müssen deshalb im folgenden in entsprechender Form berücksichtigt werden. Insbesondere ist bei der Konzeption der Verwendung anlagenspezifischer Schweißparameter Rechnung zu tragen, um eine Unabhängigkeit von theoretischen Vorgabewerten zu erreichen und ein anlagenspezifisch optimales Schweißergebnis sicherzustellen.

3.2.2 Bahnplanung und Programmierung

Bisher wird bei der konventionellen Bahnplanung für Schweißroboter überwiegend eine intuitive Vorgehensweise auf der Basis der Erfahrungswerte des Programmierers verfolgt. Es zeigt sich allerdings, daß die dabei erzielte Qualität der Anwenderprogramme sowie die benötigte Programmierzeit nicht nur von der Erfahrung, sondern auch in starkem Maß von der Motivation des Programmierers abhängen. Um davon unabhängig eine systematische Bahnplanung und Programmierung nach objektiven Kriterien durchführen zu können, ist eine Strukturierung des Planungsprozesses erforderlich /81, 82/. Für die Bahnplanung beim Industrieroboter-Schutzgasschweißen ergibt sich die in Bild 3.4 dargestellte Ablaufbeschreibung.

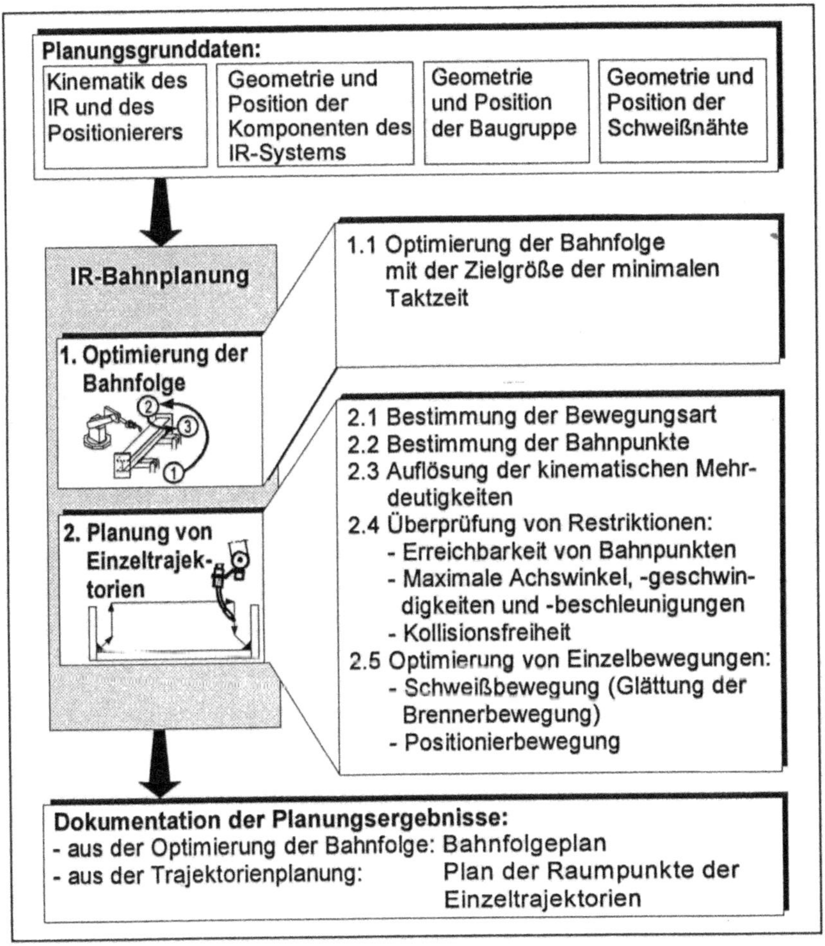

Bild 3.4: Ablaufbeschreibung des Planungsprozesses zur Bahnplanung

Bei der Planung von Einzeltrajektorien lassen sich zwei unterschiedliche Planungsaufgaben voneinander abgrenzen: die eigentliche Schweißbewegung mit eingeschaltetem Lichtbogen und die Positionierbewegung des Brenners von einer Naht zur nächsten. Das wesentliche Unterscheidungsmerkmal beider Planungsaufgaben besteht darin, daß für die Schweißbewegung definierte Vorgaben hinisichtlich der Position und Orientierung des Brenners und der Schweißgeschwindigkeit vorgegeben sind, während bei der Positionierbewegung diese Parameter frei gewählt werden können.

Seit den Untersuchungen von Pieper /83/ wurden zur Bahnplanung bereits eine Reihe von allgemeinen numerischen Planungsverfahren und Verfahren zur Kollisionsvermeidung entwickelt. Generell lassen sich nach der Arbeit von Li /84/ lokale und globale Verfahren unterscheiden. Eine andere Unterteilung wird von Adolphs /85/ vorgenommen, der die bestehenden Planungsverfahren nach ihrer Modellierung im kartesischen Basisraum oder dem Konfigurationsraum des Industrieroboters einteilt.

Die Simulation des dynamischen Verhaltens einer Roboterkinematik einschließlich der Berücksichtigung der Strukturnachgiebigkeiten und der realen Regelungsstruktur der Achsen wird möglich durch ein Simulationssystem, das von Pritschow u. a. vorgestellt wurde /86/.

Den numerischen Verfahren zur Bahnplanung ist gemeinsam, daß sie außerordentlich berechnungsintensiv sind und deshalb bisher nur wenig industrielle Anwendung gefunden haben. Ferner nutzen diese Verfahren nicht die Möglichkeiten zur Reduktion des Berechnungsaufwands, die sich durch a priori Wissen über die Geometrie und die Schweißaufgaben im Stahlhochbau ergeben, und werden aus diesem Grund im folgenden nicht weiter betrachtet.

3.2.3 Zielkonflikte bei der Planung

Da bei der Schweiß- und der Bahnplanung jeweils unterschiedliche Planungsziele vorgegeben sind, entstehen bei der Gesamtplanung Zielkonflikte, die durch planungsübergreifende Strategien gelöst werden müssen (siehe Bild 3.5.). Dabei sind die Einzelziele einer Gewichtung nach allgemeinen Vorgaben der Schweißplanung im Stahlhochbau (siehe Bild 3.3) und unternehmensspezifischen Vorgaben bezüglich Schweißqualität, zulässiger Schweißverzug und Zielgrößen der Taktzeit pro Baugruppe zu unterziehen.

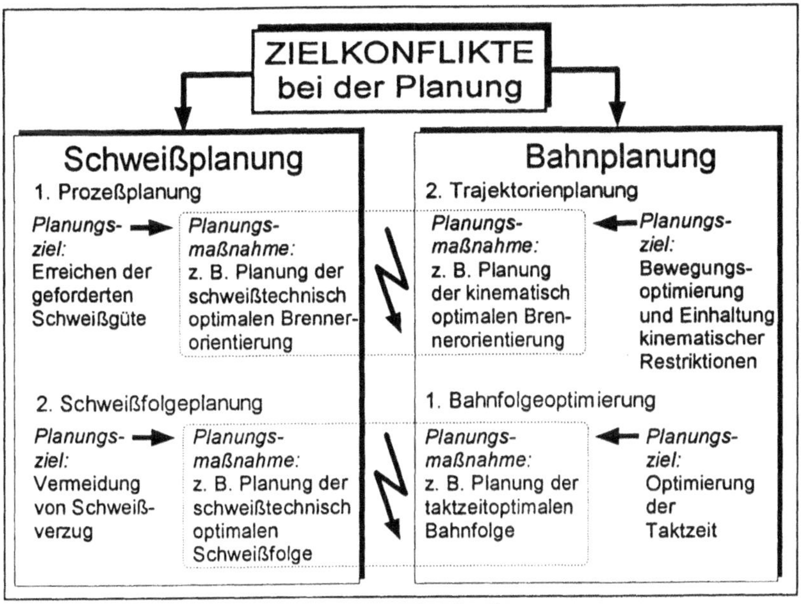

Bild 3.5: Zielkonflikte bei der Schweiß- und Bahnplanung

3.3 Ableitung von Anforderungen an das wissensbasierte Programmierverfahren

Aus den Ergebnissen der Analyse des Baugruppenspektrums, der Formalisierung der Vorgehensweise bei der Programmierung und der Bewertung der Programmierverfahren für den Stahlhochbau lassen sich die Anforderungen an das wissensbasierte Programmierverfahren ableiten. Die Anforderungen werden dabei in folgende Bereiche gruppiert:

- branchenspezifische Anforderungen,
- schweißtechnische Anforderungen,
- roboter- und programmtechnische Anforderungen.

In Teilbereichen sind die im folgenden genannten Anforderungen deckungsgleich mit den Anforderungen, die bei der Entwicklung anderer Programmierverfahren oder von Verfahren für andere Branchen wie z. B. dem Schiffbau zu stellen sind (siehe /22, 28, 33, 34/). Da sich diese Anforderungen allerdings direkt aus den in Kap. 3.1 und 3.2 dargestellten Zusammenhängen ergeben und diese Anforderungen für die weitere Konzeption des Verfahrens zur wissensbasierten Programmierung zwingend notwendig sind, werden sie hier umfassend dargestellt.

3.3.1 Branchenspezifische Anforderungen

Aus den branchenspezifischen Eigenschaften des Stahlhochbaus ergeben sich für die Konzeption des wissensbasierten Programmierverfahrens folgende Anforderungen:

❑ **Indirekte Programmierung ohne Produktionsunterbrechung**

Aufgrund der Vielfalt unterschiedlicher Baugruppentypen mit relativ geringen Stückzahlen stellt sich an das wissensbasierte Programmierverfahren die Anforderung, eine indirekte Programmierung ohne weitere Produktionsunterbrechung zu verwirklichen, um gegenüber dem manuellen Schweißen einen Wirtschaftlichkeitsvorteil zu realisieren.

❑ **Kurze Planungs- bzw. Programmierdauer**

Mit der stark kundenbezogenen Fertigung im Stahlhochbau und den immer kürzer werdenden Lieferzeiten stellt sich die Anforderung einer möglichst kurzen Planungs- bzw. Programmierdauer. Als zusätzliche Anforderung ergibt sich daraus, eine direkte Nutzung von CAD-Daten über entsprechende Schnittstellen vorzusehen. Damit soll erreicht werden, daß sowohl die notwendigen konstruktiven Daten frühzeitig für eine Programmierung bereitstehen als auch Doppel- und Fehleingaben des Bedieners vermieden werden.

❑ **Geringe Investitionskosten**

Hohe Investitionskosten zur Anschaffung notwendiger Hard- und Softwarekomponenten, wie sie beispielsweise bei der Programmierung mit graphischen Simulationssystemen anfallen (siehe Kap. 2.2), beeinträchtigen die Wirtschaftlichkeit des Industrieroboter-Schweißens und sind aus diesem Grund möglichst zu vermeiden. Es stellt sich die Anforderung, das wissensbasierte Programmierverfahren von seiner Konzeption so offen und einfach zu gestalten, daß eine kostengünstige softwaretechnische Realisierung auf einer breiten Hardware-Plattform (einschließlich Personal-Computer) möglich ist.

❑ Unterstützung des Planers bei der Programmierung

Da im Stahlhochbau Fachkräfte mit hinreichenden Kenntnissen der Schweiß- und Robotertechnik fehlen, ergibt sich die Anforderung, die vorhandenen Fachkräfte durch die Bereitstellung von schweiß- und robotertechnischem Fakten- und Regelwissen bei der Planung und Programmierung umfassend zu unterstützen. Erst damit können Fehlplanungen und Fehler bei der Programmierung weitgehend vermieden und eine möglichst kurze Programmierdauer erreicht werden.

3.3.2 Schweißtechnische Anforderungen

Die schweißtechnischen Anforderungen ergeben sich aus den in Kap. 3.2 dargestellten Vorgaben und Maßnahmen zur Schweißplanung im Stahlhochbau. Im einzelnen sind für die Konzeption des wissensbasierten Programmierverfahrens folgende Detailanforderungen zu nennen:

❑ Konsistente Schweißprozeßplanung und Sicherung der Schweißnahtgüte

Das wissensbasierte Programmierverfahren soll eine umfassende Schweißprozeßplanung beinhalten, die alle in Bild 3.2 dargestellten Planungselemente enthält und bei der Planung alle Daten einer Schweißanweisung zur Aufnahme in das Roboterprogramm eindeutig festlegt. Zur Sicherung der Schweißnahtgüte - soweit diese durch die Programmierung beeinflußt wird - stellen sich dabei für den Stahlhochbau im Rahmen der Schweißprozeßplanung folgende zusätzliche Teilanforderungen:

- Bereitstellung von anlagenspezifischen Schweißparametern
- Kompensation des Längs- und Querversatzes der Schweißfuge
- Korrekte Brennerpositionierung durch Planung des Einsatzes von Sensoren
- Anpassung der Schweißparameter an die tatsächliche Brennerorientierung
- Ausgleich des Luftspalts durch pendelnde Brennerbewegung
- Planung der Endkraterfüllung

❑ Einhaltung der Maß- und Formhaltigkeit der Schweißbaugruppe

An das Programmierverfahren stellt sich die Anforderung, die Maß- und Formhaltigkeit der Baugruppe durch Kompensation des Schweißverzugs einzuhalten, soweit diese durch die Schweißfolgeplanung und die Programmierung beeinflußt wird.

❑ **Formale Darstellung des Planungswissens**

Um eine systematische, nachvollziehbare Planung durchführen zu können, die die Grundlage für eine automatische Planung mit Hilfe des wissensbasierten Ansatzes darstellt, ist die Ausarbeitung einer formalen Darstellung des Planungswissens erforderlich.

3.3.3 Roboter- und programmtechnische Anforderungen

Aus der Bahnplanung für den Industrieroboter und der Umsetzung der Ergebnisse der Schweiß- und Bahnplanung in ein Roboterprogramm ergeben sich die im folgenden dargestellten Anforderungen:

❑ **Optimierung der Taktzeit**

Zur Unterstützung einer möglichst kurzen Durchlaufzeit von Fertigungsaufträgen und zur Erhöhung der Produktivität ist durch das Verfahren eine möglichst kurze Taktzeit zu planen. Da die eigentliche Schweißzeit durch die schweißtechnischen Prozeßbedingungen vorgegeben wird, bezieht sich diese Anforderung ausschließlich auf die Optimierung der Positionierzeit.

❑ **Einhaltung kinematischer Restriktionen**

Zur Einhaltung der kinematischen Restriktionen des Industrieroboters sind folgende Teilanforderungen zu berücksichtigen:

- Sicherstellung der Erreichbarkeit aller geplanten Positionen
- Einhaltung der zulässigen Achswinkelgeschwindigkeit
- Auflösung der kinematischen Mehrdeutigkeiten
- Vermeidung von Kollisionen mit Baugruppe oder Positionierer

❑ **Auflösung von Zielkonflikten zwischen Schweiß- und Bahnplanung**

Die Zielkonflikte durch die Vorgabe von unterschiedlichen Planungszielen bei der Schweiß- und Bahnplanung sind durch entsprechende planungsübergreifende Strategien aufzulösen.

4 Konzeption des Verfahrens zur wissensbasierten Programmierung

4.1 Formale Strukturierung des Planungsprozesses

Zur Konzeption des Verfahrens wird zunächst eine formale Strukturierung des gesamten Planungsprozesses durchgeführt. Diese Strukturierung dient einerseits der Bestimmung einer geeigneten Form der Wissensrepräsentation, andererseits bildet sie die Grundlage für die Erarbeitung eines konzeptionellen Wissensmodells[1] und der Modularisierung des Wissensbereiches (Kap. 4.3).

Zur formalen Strukturierung des Planungsprozesses wird der Weg verfolgt, aus

- einer Analyse der Elemente und Teilaufgaben des Planungsprozesses und
- den Anforderungen an die wissensbasierte Programmierung

die formalen Eigenschaften des Planungsprozesses abzuleiten. Die Auswertung dieser Eigenschaften führt zu der in Bild 4.1 dargestellten formalen Struktur des Planungsprozesses.

Um eine geeignete Form der Wissensrepräsentation zu bestimmen, ist noch eine weitere Konkretisierung der formalen Eigenschaften des Planungsprozesses erforderlich. Dazu wird eine Feinspezifikation bezüglich der Abbildung von Planungswissen durchgeführt, die zu den im folgenden dargestellten Eigenschaften des Planungsprozesses führt:

- *Konfliktäre Entscheidungssituationen:* aufgrund konkurrierender Planungsalternativen entstehen im Verlauf des Planungsprozesses konfliktäre Entscheidungssituationen, die auf einer übergeordneten Planungsebene (Metaplanung[2]) zu lösen sind.
- *Vernetzung von Planungsaufgaben:* die gegenseitige Beeinflussung der dualen Planungsstruktur aus Schweiß- und Bahnplanung erfordert eine bidirektionale Vernetzung der Planungsaufgaben.
- *inkrementaler Informationszuwachs:* im Verlauf des Planungsprozesses entsteht ein inkrementaler Zuwachs an Planungsinformationen. Zur Sicherstellung eines korrekten weiteren Ablaufs der Planung müssen diese Informationen zur Lösung nachfolgender Entscheidungssituationen bereitgestellt werden.

---

1 unter einem konzeptionellen Wissensmodell wird in diesem Zusammenhang eine implementierungsunabhängige Beschreibung der Wissensstruktur eines Planungsbereiches verstanden

2 unter Metaplanung versteht man in diesem Kontext den Prozeß, in dem die Informationen über die Struktur, den Aufbau und die Verwendung des Planungswissens festgelegt werden.

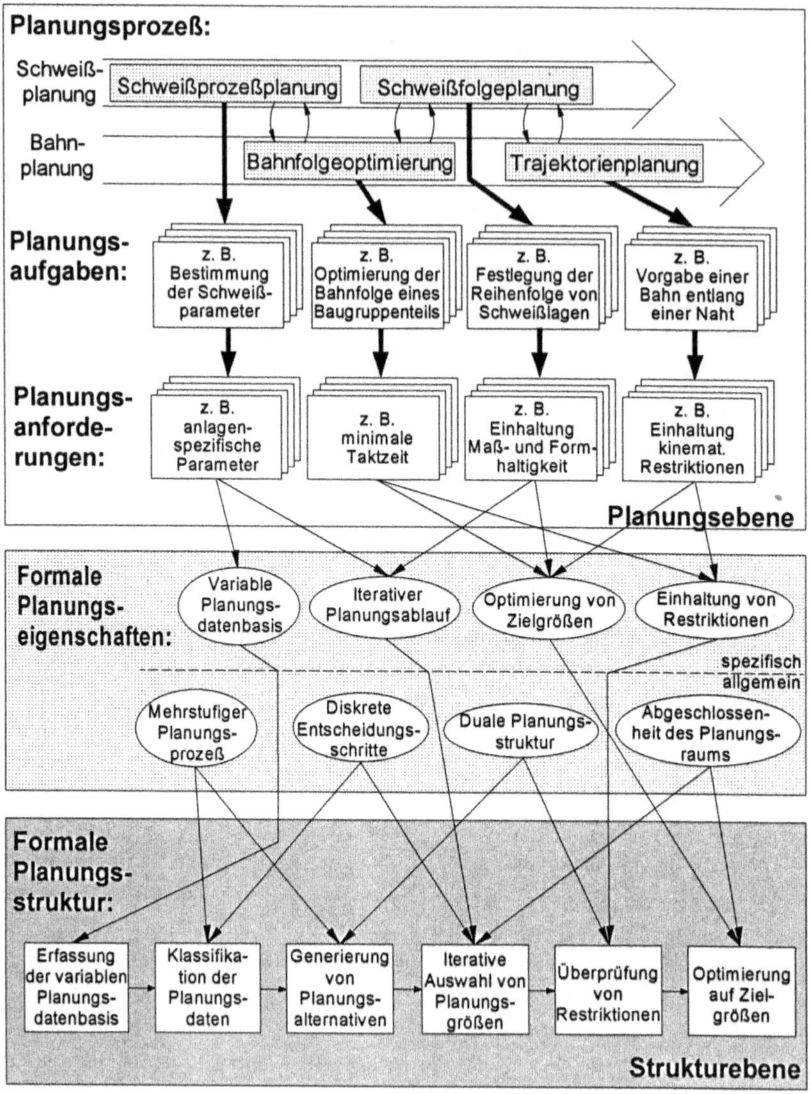

Bild 4.1: Ableitung der Planungscharakteristika und Entwicklung der formalen Planungsstruktur

4.2 Bewertung von Lösungsalternativen zur Wissensrepräsentation

Die Abbildung des Planungswissens kann prinzipiell über mehrere Formen der Wissensrepräsentation erfolgen. Da sich diese Formen je nach Problemstellung und Struktur des Fachwissens erheblich in ihrer Leistungsfähigkeit unterscheiden, wird dazu im folgenden eine Bewertung der möglichen Lösungsalternativen für den vorliegenden Planungsprozeß durchgeführt.

Zur Bewertung der Lösungsalternativen werden die formalen Planungseigenschaften in prozeß- und datenorientierte Eigenschaften gruppiert und es wird für jede Lösungsalternative eine Einzelbewertung hinsichtlich ihrer Eignung zur Abbildung der Planungseigenschaften durchgeführt (siehe Bild 4.2). Als Ergebnis der Bewertung ergibt sich ein hybrider Repräsentationsansatz, der zur Abbildung der prozeßorientierten Planungseigenschaften Produktionssysteme und zur Abbildung der datenorientierten Eigenschaften Frames nutzt. Dies ist erforderlich, da nur so sowohl die prozeß- als auch die datenorientierten Planungseigenschaften umfassend abgebildet werden können.

In Ergänzung dazu erfordern die spezifischen Eigenschaften des Planungsprozesses noch eine Feinanpassung der hybriden Repräsentationsform. Im folgenden werden die dazu abgeleiteten konzeptionellen Modifikationen zusammengefaßt:

- Zum Abgleich der konkurrierenden Planungsziele wird eine Metaplanung auf der Grundlage einer Zielgewichtung konzipiert.
- Die Produktionsregeln greifen zur konsistenten Wissenspropagation direkt auf die jeweils aktuellen, über Vererbungsmechanismen erzeugten Datenobjekte der Frames zu.
- Für den iterativen Planungsablauf wird eine Segmentierung des Produktionswissens mit gesteuerten Iterationsschleifen durchgeführt.
- Zum Erreichen des Planungsziels in möglichst kurzer Wissenspropagationszeit werden am Anfang der Wissenspropagation Vorgabewerte mit möglichst hoher Planungswahrscheinlichkeit ausgewählt.
- Zur Unterstützung und Information des Planers wird ein hierarchisches Datenmodell, das auch Verknüpfungen zu allen Ursprungsdaten enthält, aufgebaut. Dadurch kann der Wissenszuwachs zu jedem Planungszeitpunkt transparent gemacht werden.

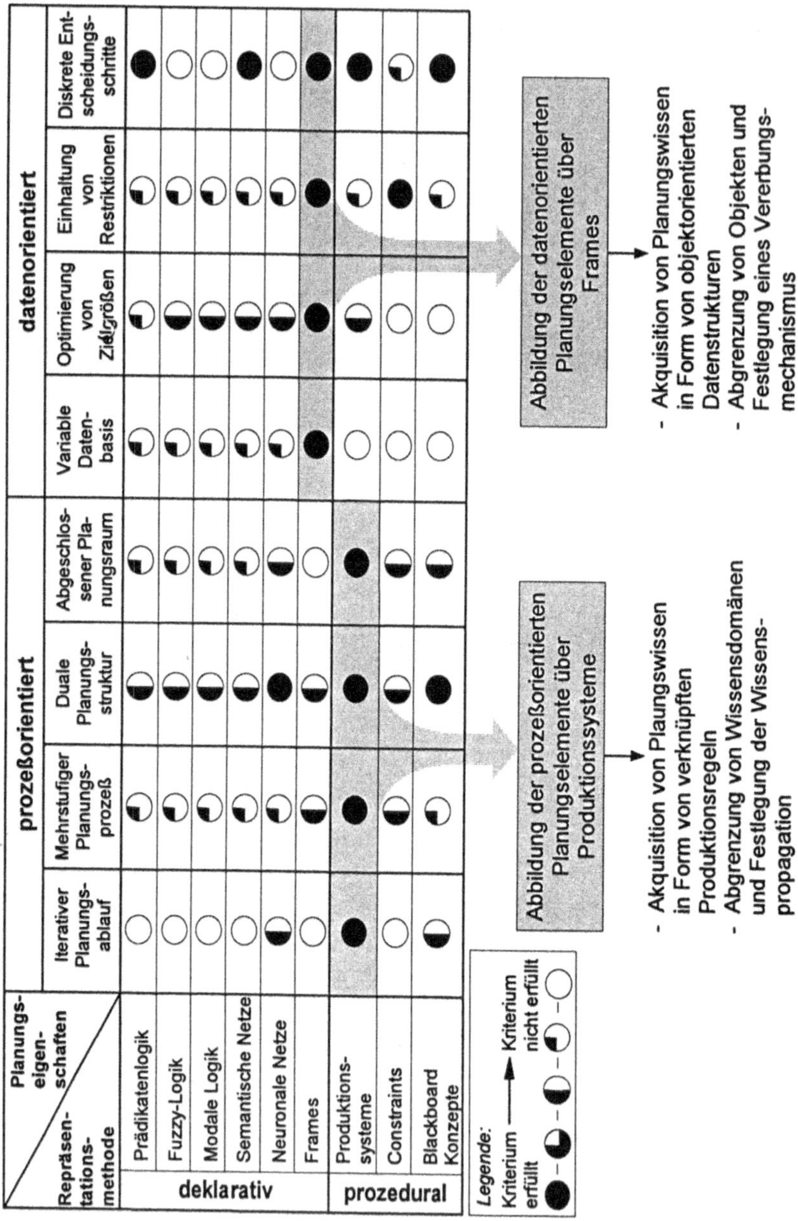

Bild 4.2: Bewertung der Eignung von Repräsentationsformen zur Abbildung des Planungswissens

4.3 Entwicklung eines konzeptionellen Wissensmodells und Modularisierung des Wissensbereiches

Das konzeptionelle Wissensmodell wird auf der Grundlage der formalen Planungselemente und der gewählten hybriden Repräsentationsform entwickelt. Um die Reihenfolge der Planungselemente in dem konzeptionellen Wissensmodell zu bestimmen, wird eine Priorisierung der Planungsziele für den Anwendungsbereich des Stahlhochbaus durchgeführt.

Gewichtet man die schweiß- und robotertechnischen Anforderungen an das wissensbasierte Programmierverfahren hinsichtlich der Prozeßoptimierung, so ergibt sich für den Bereich des Stahlhochbaus eine höhere Priorität der schweißtechnischen Planungsziele. Dies ist begründet dadurch, daß das Einhalten der Vorgaben zur Schweißplanung eine elementare Voraussetzung für die Gebrauchsfertigkeit der Baugruppen darstellt - nicht zuletzt aus Gründen der Produkthaftung - und somit von größerer Bedeutung als die Planungsziele der Robotertechnik (hier insbesondere der Bahn- und Taktzeitoptimierung) ist. Allerdings sind die Prozeßrestriktionen, die sich aus den Anforderungen ergeben, wie z. B. das Einhalten der kinematischen Bedingungen, in diese Priorisierung nicht mit einbezogen, da sie immer erfüllt werden müssen.

Das konzeptionelle Wissensmodell wird in einzelne Wissensdomänen unterteilt. Die Gründe für diese Unterteilung liegen im wesentlichen in:

- den unterschiedlichen Planungsaufgaben von Teilbereichen des Planungsprozesses,
- den teilweise gegensätzlichen Planungszielen,
- der Sicherstellung der Konsistenz von Wissenselementen innerhalb einer Domäne,
- der angestrebten Nachempfindung der menschlichen Vorgehens- und Denkweise bei der Planung,
- der besseren Überschaubarkeit und Transparenz von Planungsbereichen und der formalen Zusammenhänge von Planungselementen.

Die Wissensdomänen werden aufgrund der Priorisierung der Planungsziele so aufgebaut, daß die Planungselemente zur Sicherung der Schweißnahtgüte, d. h. der Schweißprozeß- und -folgeplanung, zuerst geplant werden. Dadurch werden für die nachfolgenden Planungselemente der Bahnplanung Vorgabewerte und Restriktionen festgeschrieben, auf deren Grundlagen die weitere Planung dann durchgeführt wird (siehe Bild 4.3).

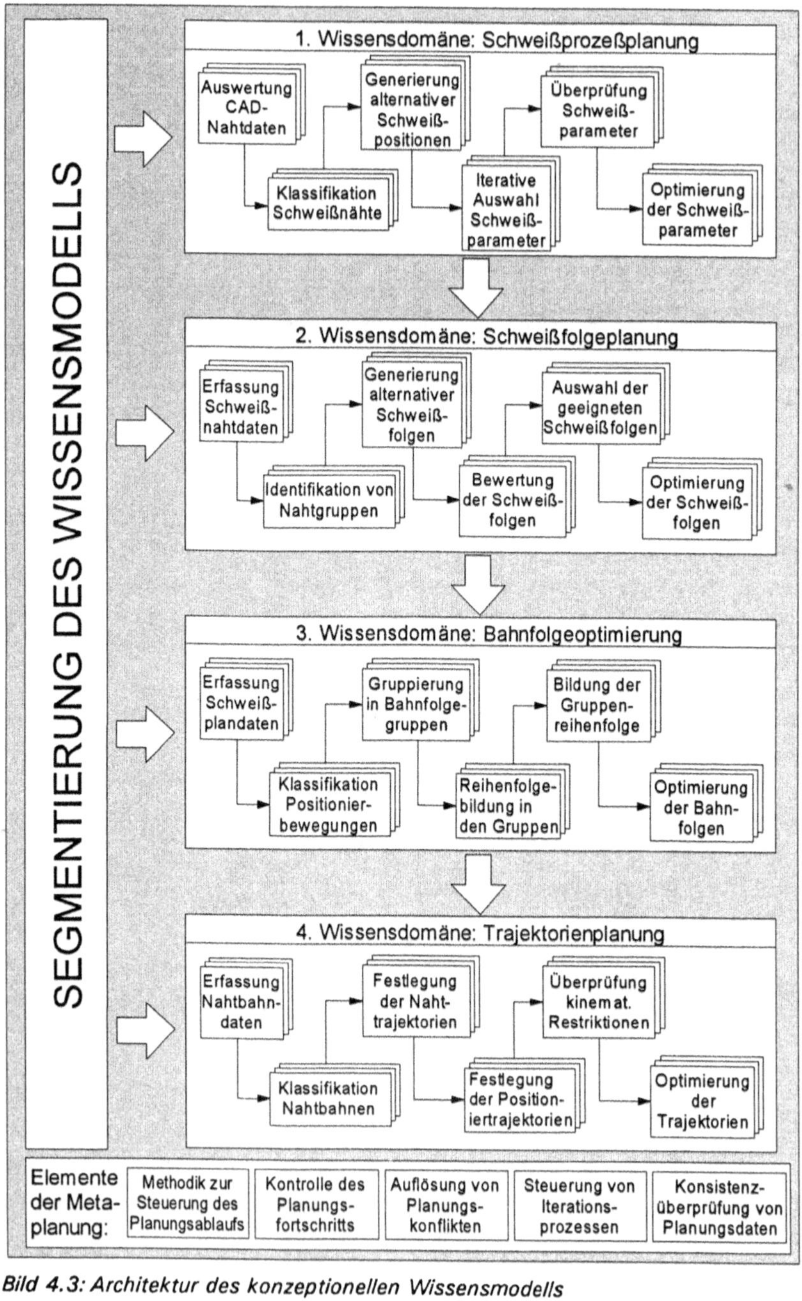

Bild 4.3: Architektur des konzeptionellen Wissensmodells

4.4 Identifikation und formale Zuordnung von Wissensquellen

Um die Domänen des konzeptionellen Wissensmodells mit dem erforderlichen Planungswissen zu füllen, werden Wissensquellen zur Lösung der verschiedenen Planungsaufgaben identifiziert. Für jede der Wissensquellen wird eine spezifische Wissensakquisition durchgeführt und es erfolgt anschließend eine formale Zuordnung der akquirierten Wissenselemente zu den Wissensdomänen (siehe Bild 4.4).

Wissensquelle	Durchgeführte Tätigkeit zur Wissens-akquisition	Beispielhafte Wissens-elemente	Formale Zuordnung zu Wissens-domänen
Produktspektrum 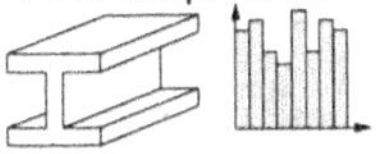	- Analyse des Produkt-spektrums - Analyse der Nahtfor-men, -toleranzen	- Fugenformen, - max. Toleranzen, - max. Abmessungen der Baugruppen	SPP SFP TP
CAD-Integration 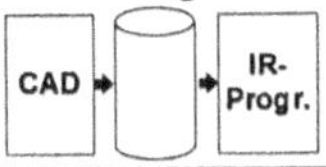	- Entwicklung und Test von Direkt- und er-weiterten Standard-schnittstellen	- Format der Schweiß-nahtdaten - Schnittstellen-konventionen	SPP
Schweiß-techno-logie 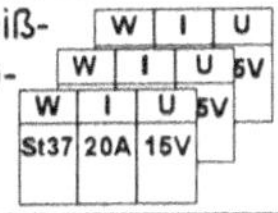	- Literaturstudie und praktische Tests zur Optimierung der Schweißtechnologie	- Schweißparameter - Nahtsegmentierung - Brennerorientierung	SPP SFP
Robotertechnologie 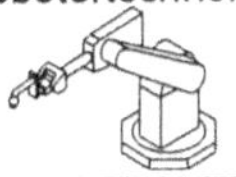	- Befragung von Roboterherstellern - Praktische Tests zur Kinematik	- Kinematische Daten - Geeignete Achs-konfigurationen	BFO TP
Programmier-methodik 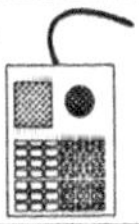	- Befragung von Anwendern - Versuche bei Roboterherstellern	- Programmaufbau - Sensoreinsatz - Methoden zur Pro-grammsicherheit	BFO TP
Qualitäts-sicherung 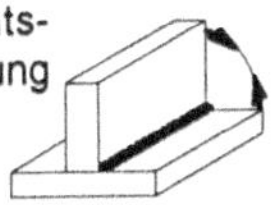	- Literaturstudie - Befragung von Anwendern und Schweißexperten	- Methoden zur Vermeidung von Schweißverzug und Nahtgütesicherung	SPP SFP
Legende: SPP: Schweißprozeßplanung SFP: Schweißfolgeplanung	BFO: Bahnfolgeoptimierung TP: Trajektorienplanung		

Bild 4.4: Formale Zuordnung von Wissensquellen zu Wissensdömänen

Die Zielsetzung bei diesen Wissensakquisitionen ist es, von den Wissensquellen alle notwendigen Wissenselemente für eine konsistente Abbildung des Fachwissens zur Schweißroboterprogrammierung im Stahlhochbau zu bestimmen. Diese Zielsetzung schließt mit ein, daß die branchenspezifischen Anforderungen, wie beispielsweise die Sicherstellung der geforderten Schweißnahtqualität und eine Optimierung der Taktzeit, in den Wissensdomänen berücksichtigt und widersprüchliche Wissenselemente aus unterschiedlichen Quellen gegeneinander geprüft und gewichtet werden.

Als zentrales Element der Wissensakquisition wird ferner angestrebt, die heuristische Vorgehensweise des Teach-In-Programmierers möglichst weit nachzubilden. Dadurch werden einerseits auch die nicht algorithmierbaren Regeln der schweißtechnischen Prozeßführung in die Wissensakquisition einbezogen und andererseits das unternehmens- und branchenspezifische "Know-How" des Programmierers ausgenutzt. Um eine möglichst gute Kommunikation mit dem Programmierer sowohl bei der Wissensakquisition als auch bei der Erstellung von neuen Roboterprogrammen zu gewährleisten, werden in der Wissensrepräsentation, soweit möglich, schweißtechnische Fachterminologien und Normbegriffe eingesetzt.

4.5 Konzeption eines objektorientierten Datenmodells zur deklarativen Wissensrepräsentation

4.5.1 Formale Strukturierung der Planungsdaten und Konzeption des Datenmodells

Ein wesentlicher Bestandteil des konzeptionellen Wissensmodells ist das objektorientierte Datenmodell zur deklarativen Wissensrepräsentation. Im folgenden wird dazu die formale Struktur des Datenmodells und die gegenseitigen Abhängigkeiten der Planungsdaten erarbeitet. Dazu werden zunächst die wesentlichen Planungsdaten aufgezeigt und ihre Eigenschaften abgeleitet.

Die Planungsdaten, die in dem Datenmodell abzubilden sind, ergeben sich aus den Ablaufbeschreibungen der Schweiß- und Bahnplanung (Kap. 3.2). Sie umfassen sowohl allgemeine Planungsdaten, wie z. B. den Aufbau des eingesetzten Industrierobotersystems, als auch baugruppenspezifische Daten mit Informationen über z. B. die Art und Abmessungen der Schweißnähte. Weitere Planungsdaten sind Zwischenergebnisse des Inferenzprozesses[3], die von dem Datenmodell verwaltet und für weitere Inferenzschritte zur Verfügung gestellt werden müssen. Das Datenmodell muß ebenso die Ergebnisse des Inferenzprozesses - im besonderen alle Daten des erzeugten Roboterprogramms - verwalten und für die Überführung in die Syntax einer Robotersprache bereitstellen.

Diese Planungsdaten, die Ableitung ihrer Eigenschaften und die daraus resultierenden Schritte zur Konzeption des objektorientierten Datenmodells sind in Bild 4.5 dargestellt. Die formalen Grundelemente für die Konzeption von Datenobjekten bilden dabei die Eigenschaften der für die Abbildung datenorientierter Planungselemente ausgewählten Repräsentationsform der Frames.

Zur Feinkonzeption des Datenmodells und zur Abgrenzung gegenüber anderen Formen der objektorientierten Modellierung werden im folgenden die weiteren wesentlichen Charakteristika und Komponenten festgelegt und erläutert:

- Die Objekte des Datenmodells sind Gruppierungen von Daten nach einem fest vorgegebenem Schema; diese Schemata werden im folgenden als Klassen bezeichnet. Eine Klasse beinhaltet somit eine formale Vorschrift, nach der Objekte erzeugt werden können.
- Die Eigenschaften der Objekte werden in den Klassen durch Attribute festgelegt.
- Zur Sicherstellung einer umfassenden Datenkonsistenz und zur Vermeidung von Redundanzen werden Attribute auf möglichst abstraktem Niveau vereinbart.
- Objekte werden fallspezifisch nach der in den Klassen vorgegebenen Schemata gebildet. Dies kann auch dynamisch während des Inferenzprozesses geschehen. Die Objekte werden als Instanzen einer Klasse bezeichnet.
- Zu Klassen (und Objekten) können Unterklassen gebildet werden, die die Attribute der Elternklassen "erben", d.h. sie besitzen alle Attribute der Elternklasse und können noch weitere Attribute besitzen, die die Elternklasse nicht aufweist. Dies stellt ein wesentliches Merkmal des vorliegenden Ansatzes dar, da es dadurch mit dem Fortschreiten des Planungsprozesses zu einem kontinuierlichen Informationszuwachs über die Vererbungsmechanismen kommt.

---

[3] mit Inferenzprozeß wird in diesem Kontext die Ableitung neuer Wissenselemente aus vorhandenen bezeichnet

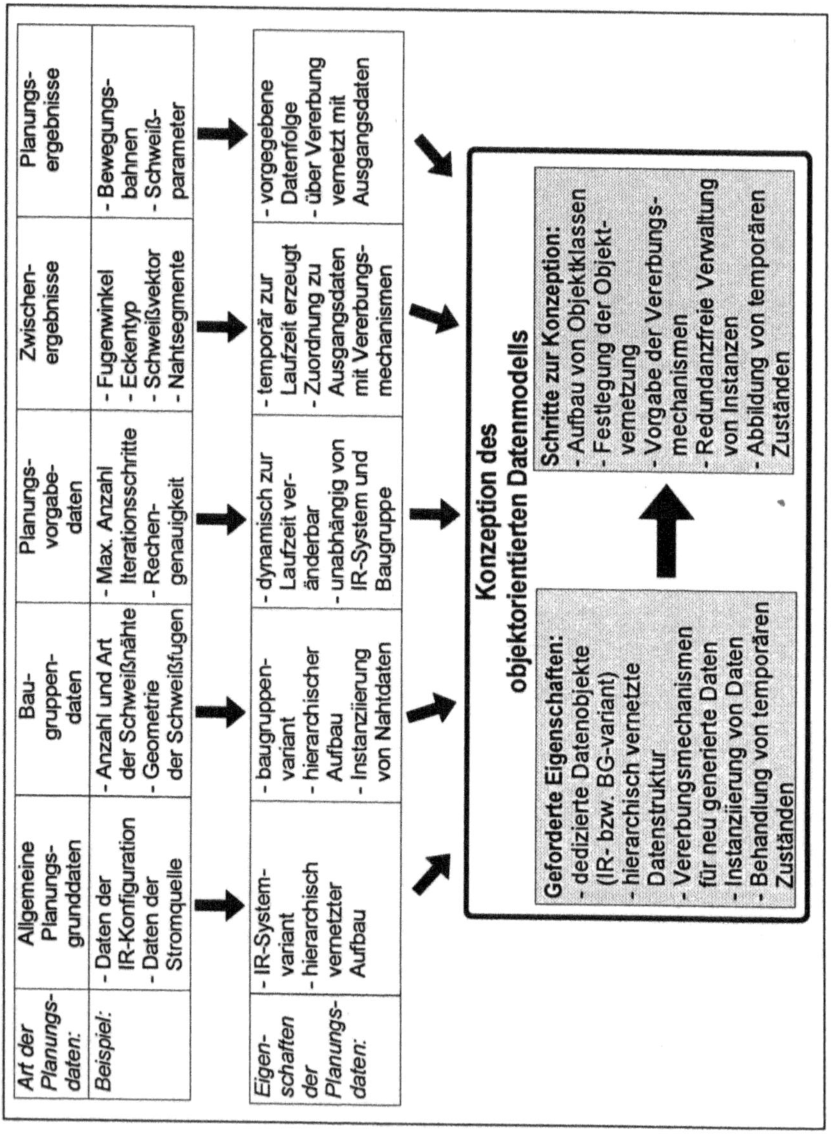

Bild 4.5: Ableitung der Eigenschaften des objektorientierten Datenmodells

4.5.2 Struktur des Datenmodells und Spezifikation der Objektklassen

Die aus der Konzeption resultierende Struktur des objektorientierten Datenmodells ist in Bild 4.6 dargestellt. Das Datenmodell setzt sich zusammen aus den einzelnen Klassen, die über spezielle Attribute miteinander verknüpft sind. Ein Teil des Datenmodells besteht dabei aus Klassen, die vorwiegend invariante Wissenskomponenten enthalten, wie z. B. Informationen über die einzelnen Komponenten des Industrierobotersystems, für das das Roboterprogramm erzeugt wird. In einem anderen Teil des Datenmodells werden Daten über die zu schweißende Baugruppe und die im Inferenzprozeß gewonnenen Planungsdaten als variante Wissenskomponenten gespeichert, die für jede Baugruppe neu aufgebaut werden müssen. Die Funktionen und Eigenschaften der Klassen des Datenmodells werden im folgenden kurz erläutert.

In der Klasse "**Zellenlayout**" werden alle Komponenten eines Industrierobotersystems, für die ein Programm erstellt wird, festgelegt. Dazu gehören neben Typbezeichnungen auch die räumliche Lage und Orientierung der Komponenten zueinander. An die Klasse "Zellenlayout" sind die Klassen "Industrieroboter", "Positionierer", "Brenner" und "Stromquelle" geknüpft. Sie bilden zusammen die vorwiegend invarianten Komponenten des Datenmodells, die unabhängig von einer spezifischen Baugruppe sind und nur bei einem Systemwechsel oder dem Wechsel von Zellenkomponenten in ihrem Inhalt verändert werden müssen.

Die Klassen "**Industrieroboter**" und "**Externe Achsen**" beschreiben den Typ und die Kinematik des Industrieroboters sowie der externen Achsen, die in dem Industrierobotersystem eingesetzt werden. Diese Daten werden insbesondere benötigt zur Anwendung von prozeduralen Bewegungsregeln, die invariant für verschiedene Roboterkinematiken sind und die zur Überprüfung der Einhaltung der kinematischen Restriktionen eingesetzt werden.

Die Klasse "**Positionierer**" enthält die Informationen über Orientierungsmöglichkeiten des Positionierers, mit denen die Schweißbaugruppen in die geforderte Schweißposition gebracht werden können. Dies umfaßt die Anzahl von Drehachsen, die Drehinkremente und die Informationen über Aufspannmöglichkeiten von Werkstücken.

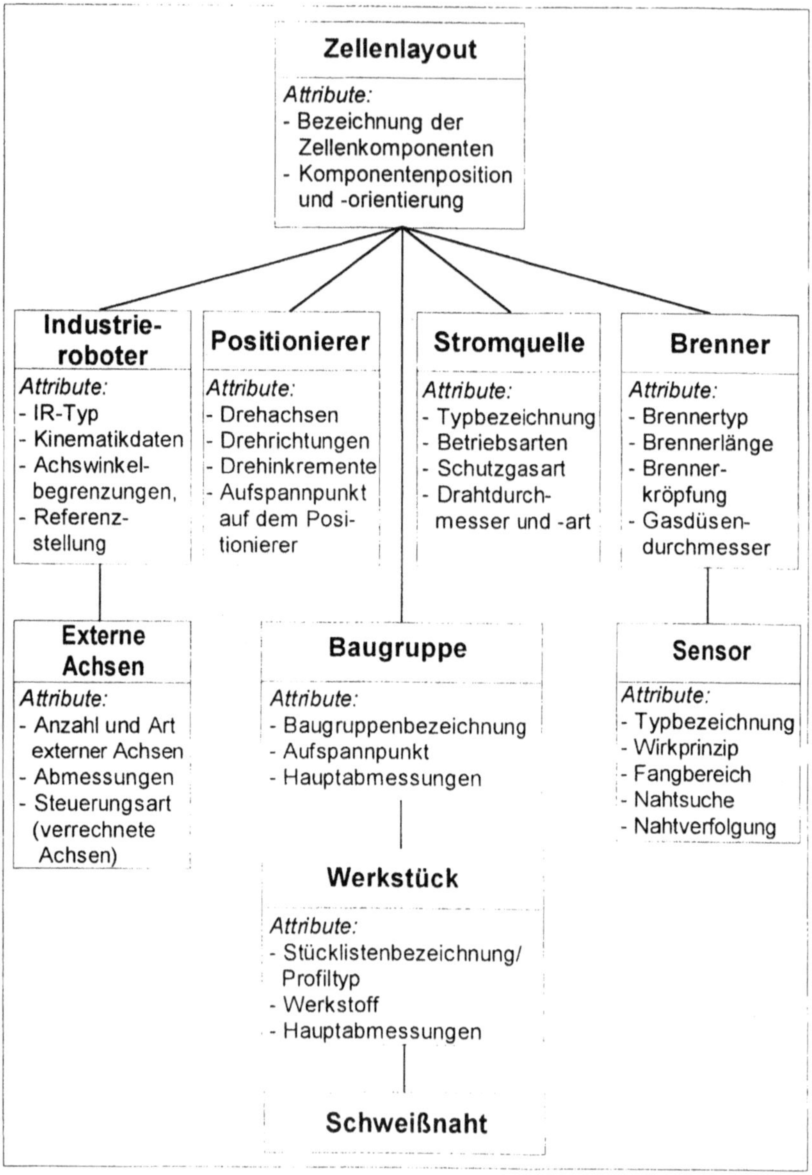

Bild 4.6: Struktur des objektorientierten Datenmodells

Die Klassen "**Brenner**" und "**Stromquelle**" beschreiben die eingesetzte schweißtechnische Ausrüstung. Sie enthalten sowohl geometrische Informationen wie beispielsweise die Kröpfung des Brenners als auch rein schweißtechnische Informationen.

Die Klasse "**Baugruppe**" enthält - im Gegensatz zu den oben beschriebenen Klassen - Informationen, die sich spezifisch auf die Baugruppe beziehen, für die ein Roboterprogramm erstellt werden soll (variante Wissenskomponenten). Dies umfaßt einerseits Informationen über die Werkstücke, die in der Baugruppe verschweißt werden sollen, wie auch andererseits Daten über den Ursprung und die Orientierung des Koordinatensystems, in dem die Baugruppe im CAD-System modelliert wurde.

Die Klasse "**Sensor**" beinhaltet Informationen über die Art und die Anzahl der eingesetzten Sensoren, ihr Wirkprinzip und den Einsatzort (Nahtanfang oder -verlauf). Durch die Einbeziehung der Sensoren in das Programmierverfahren können geometrische Abweichungen der Baugruppe bzw. der Nähte von der vorgegebenen Kontur on-line, durch entsprechende Korrekturstrategien, kompensiert werden.

Die Klasse "**Werkstück**" umfaßt neben dem Attribut "Werkstoff" auch das Attribut "Stücklistenbezeichnung". Dieses Attribut legt den Profiltyp des Werkstücks fest, so daß daraus weitere Planungsdaten, wie z. B. die Vorgabe einer speziellen Schweißfolge für dieses Werkstück, abgeleitet werden können.

Die Klasse "**Schweißnaht**" enthält eine Vielzahl von geometrischen und fertigungstechnischen Informationen, die zur vollständigen Beschreibung einer Schweißnaht benötigt werden. Wesentliche Attribute dieser Klasse sind die Schweißnahtposition, die Stoßart und Fugenabmessungen sowie Begrenzungen der Schweißfuge an den Nahtenden. Mit der Klasse Schweißnaht sind eine Rei he weiterer Unterklassen verbunden, die die Eigenschaften und Attribute dieser Klasse erben und durch den fortschreitenden Inferenzprozeß mit neuen Planungsdaten gefüllt werden. Die vollständige Beschreibung der Klasse Schweißnaht und ihrer Unterklassen wird im Rahmen der Methodenentwicklung der Wissensdomänen entwickelt und ist dort im Detail dargestellt (siehe Kap. 6).

5 Entwicklung und Bewertung von Planungsalternativen für die Module des konzeptionellen Wissensmodells

Zur Konkretisierung des konzeptionellen Wissensmodells werden im folgenden Planungsalternativen für jede Wissensdomäne entwickelt und hinsichtlich der Erfüllung der Anforderungen an das wissensbasierte Programmierverfahren bewertet. Die sich anschließende Entwicklung der erforderlichen Methoden und Strategien zur Realisierung der ausgewählten Planungsalternativen erfolgt in Kap. 6.

5.1 Schweißprozeßplanung

Für die wissensbasierte Schweißprozeßplanung ergibt die Wissensakquisition zwei Planungsalternativen:

- Formale Abbildung des Planungswissens über die Anwendung von Methoden zur Berechnung von Schweißparametern als prozedurale Wissenselemente,
- Formale Abbildung des Planungswissens über die Anwendung von Datenobjekten mit *anlagenspezifisch* erprobten Schweißparametern als deklarative Wissenselemente.

In Bild 5.1 ist die Ableitung der wesentlichen Eigenschaften der Planungsalternativen und der Abgleich mit den Anforderungen, die sich an eine wissensbasierte Schweißprozeßplanung stellen, dargestellt. Da sich bei der ersten Planungsalternative "Anwendung von Methoden" eine Produktionsunterbrechung zur erforderlichen Anpassung der Schweißparameter an die anlagenspezifischen Gegebenheiten nicht vermeiden läßt, wird diese Alternative als ungeeignet verworfen und die zweite Alternative "Anwendung von Datenobjekten" gewählt. Als weiterer Vorteil dieser Planungsalternative ist noch zu nennen, daß bereits über das Teach-In-Verfahren gewonnene Schweißparameter direkt weiterverwendet werden können.

Zur Realisierung dieser Planungsalternative in einer wissensbasierten Umgebung ist weiterhin die Entwicklung einer Methode zur aufgabenspezifischen Klassifikation von Nähten erforderlich, die für das vorgegebene Produktspektrum eine Zuordnung von Schweißparametern zu einzelnen Nähten unter Berücksichtigung der gegebenen Rahmenbedingungen ermöglicht (siehe Kap. 6.1).

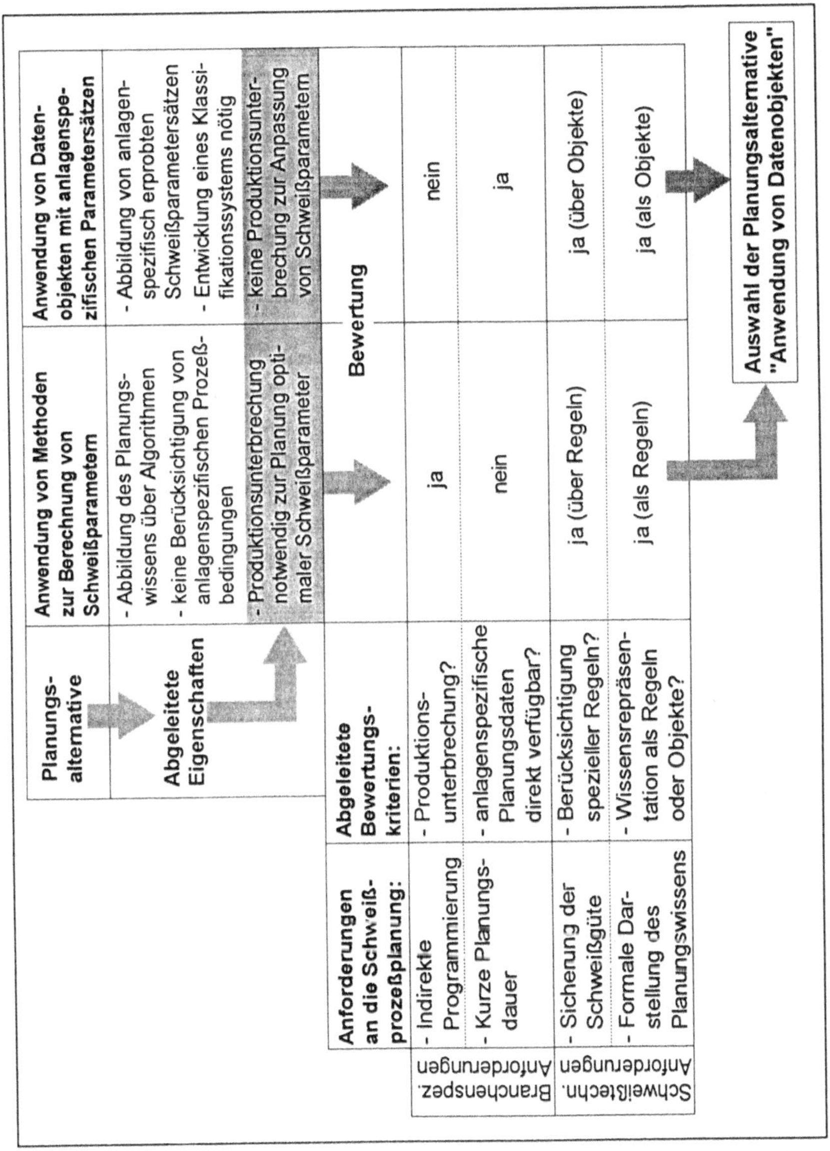

Bild 5.1: Bewertung und Auswahl von Planungsalternativen zur Schweißprozeßplanung

5.2 Schweißfolgeplanung

Die Wissensakquisition zur Schweißfolgeplanung führt zu mehreren Planungsalternativen, deren Eigenschaften im folgenden analysiert und bewertet werden. Es werden folgende Alternativen unterschieden:

- formale Abbildung allgemeiner schweißtechnischer Regeln,
- formale Abbildung von Schweißfolgen geometrisch ähnlicher Baugruppen,
- formale Abbildung von Methoden zur simulationsbasierten Planung.

5.2.1 Planungsalternative "allgemeine schweißtechnische Regeln"

Aus der Wissensakquisition ergibt sich zunächst eine Menge von allgemeingültigen schweißtechnischen Regeln, die für einen Teilbereich einer Baugruppe mit einer bestimmten geometrischen Gruppierung von Nähten eine Schweißfolge erstellen läßt. Eine Analyse dieser Regeln führt zu Bild 5.2, in dem die wesentlichen Eigenschaften dieser Planungsalternative und zwei typische Beispiele dargestellt sind.

Eigenschaften dieser Planungsalternative:	**Beispiele:**
• formelle Abbildung des Planungswissens über Produktionsregeln, • anwendbar für beliebige Baugruppentypen, • Schweißfolgeplanung nur für "typische" Nahtkonstellationen möglich, • Widerspruchsfreiheit von Regeln ist nicht sichergestellt, • zur Integration in eine wissensbasierte Umgebung ist eine Priorisierung der Regeln erforderlich, • geometrisch komplexe Analysen der Baugruppengeometrie aus 3D-CAD notwendig, • beliebige Erweiterbarkeit mit neuen Regeln, • hohe Planungsgeschwindigkeit realisierbar, da linearer Lösungsraum.	• **"Gegenlagen wechselseitig schweißen"** **➔ Schweißfolge 1-2-3-4:** 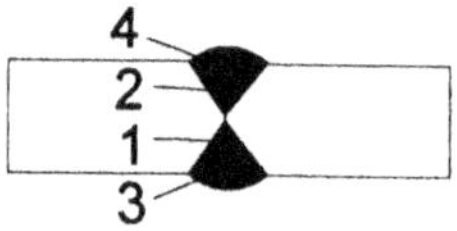 • **"Doppelkehlnähte direkt aufeinander folgend schweißen"** **➔ Schweißfolge 1-2:** 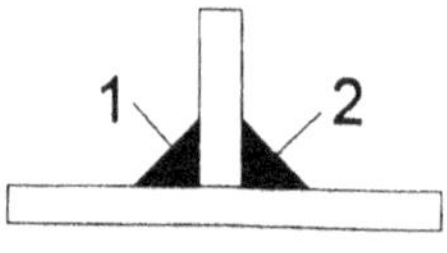

Bild 5.2: Eigenschaften und Beispiele der Planungsalternative "allgemeine schweißtechnische Regeln"

5.2.2 Planungsalternative "Schweißfolge geometrisch ähnlicher Baugruppen"

Im Gegensatz zu der Abbildung allgemeingültiger schweißtechnischer Regeln lassen sich auch Regeln bestimmen, die eine Schweißfolgeplanung spezifisch für Klassen von geometrisch ähnlichen Baugruppen (z. B. Riegel, Stützen) erlauben. Bei dieser Planungsalternative ist allerdings zu beachten, daß die Zugehörigkeit jeder Baugruppe zu einer bestimmten Klasse über geometrische Beziehungen klar definiert und die Gültigkeit einer Schweißfolge für jede Klasse auf der Grundlage von praktischen Versuchen verifiziert werden muß. Eine Untersuchung dieser Planungsalternative führt zu den in Bild 5.3 dargestellten Eigenschaften:

Eigenschaften der Planungsalternative:	Beispiel:
• beschränkt auf spezifische Klassen von Baugruppen, • zur Anwendung der Regeln sind komplexe Analysen zur Bestimmung der Baugruppenzugehörigkeit notwendig, • ergibt konsistente Schweißfolge für die <u>gesamte</u> Baugruppe, • Berücksichtigung des Einflusses der Baugruppenaufspannung möglich, • Wissenspflege zur Aufnahme von neuen Baugruppenklassen notwendig, • hohe Planungsgeschwindigkeit realisierbar, da linearer Lösungsraum.	• **Baugruppenklasse "Stütze mit Fußplatte"** **➔ Schweißfolge 1-2-3:** 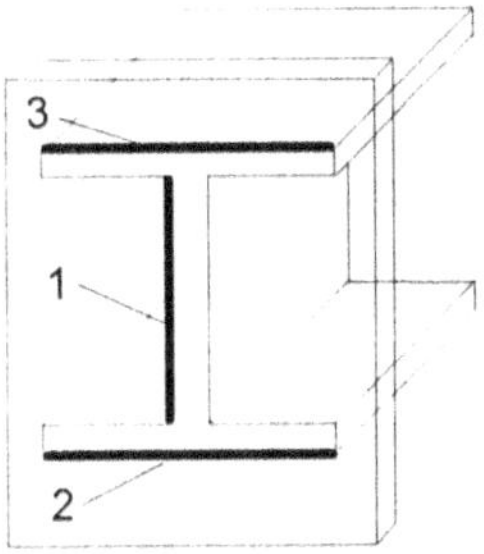

Bild 5.3: Eigenschaften und Beispiel der Planungsalternative "Schweißfolge geometrisch ähnlicher Baugruppen"

5.2.3 Planungsalternative "Methoden zur simulationsbasierten Planung"

Durch die wissensbasierte Schweißprozeßplanung stehen alle baugruppenspezifischen Daten zur Verfügung, um nicht nur eine Planung auf der Basis von schweiß- und baugruppenspezifischen Regeln durchzuführen, sondern auch numerische Verfahren zur Wissensgewinnung einzusetzen. Zu diesen numerischen Verfahren zählen sowohl rein analytische Methoden wie auch Simulationsverfahren zur Berechnung von Eigenspannungen und Schweißverzug.

Die analytischen Methoden, die ausschließlich eine Abschätzung der bleibenden Spannungen und Verformungen von einfachen Geometrien oder einzelnen Schweißnähten erlauben, können keine zuverlässigen Aussagen über die einzuhaltende Schweißfolge von ganzen Baugruppen machen und werden aus diesem Grund nicht weiter betrachtet.

Im Gegensatz dazu bietet die Finite-Element-Methode (FEM) prinzipiell die Möglichkeit, beliebige Baugruppengeometrien zu analysieren und durch eine Variation der Schweißfolge die minimale Ausbildung von Eigenspannungen bzw. Schweißverzug zu bestimmen. Im folgenden wird untersucht, inwieweit sich die Finite-Element-Methode für eine Einbindung in eine wissensbasierte Umgebung zur Planung der Schweißfolge eignet.

Für die Anwendung der Finite-Element-Methode zur wissensbasierten Schweißfolgeplanung sind folgende Daten grundsätzlich erforderlich:

- die vollständige CAD-Baugruppengeometrie (zur Erzeugung eines FEM-Netzes),
- Werkstoffbezeichnungen (zur Bestimmung notwendiger Werkstoffkennwerte),
- Schweißparameter (aus ihnen läßt sich Art, Ort und Geschwindigkeit der Wärmeeinbringung bestimmen, die die Gefügeumwandlung und die Ausbildung von Spannungen und Verformungen verursacht).

Darüber hinaus werden folgende zusätzliche Grund- und Werkstoffkenndaten benötigt:

- Schweiß-Zeit-Temperatur-Umwandlungsdiagramme,
- Wärmeleitfähigkeit λ und Wärmekapazität ρc des Werkstoffes in Abhängigkeit von der Temperatur T
- Dilatometerkurve (Veränderung der Dehnung ε über Temperatur T).

Zur Ableitung der wesentlichen Leistungsmerkmale und zur Bewertung der Finite-Element-Methode für die vorliegende Planungsaufgabe wird eine Modellrechnung mit einer einfachen Baugruppe mit Doppelkehlnaht durchgeführt. Dazu wird aus dem CAD-Modell der Baugruppe ein dreidimensionales Netz aus finiten Elementen aufgebaut, an Hand dessen die Simulation der Schweißprozesse erfolgt (siehe Bild 5.4).

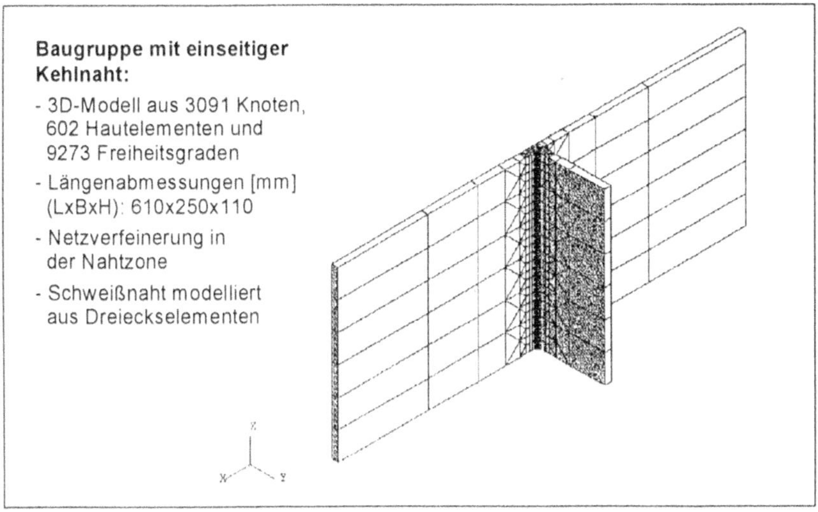

Bild 5.4: Baugruppenmodell zur Bestimmung von Leistungsmerkmalen der Finite-Element-Methode

Um die Rechenzeiten möglichst kurz zu halten, wurden eine relativ grobe Diskretisierung vorgenommen und folgende Annahmen und Vereinfachungen zugrunde gelegt:

- die Wärmeenergie des Schweißprozesses wird für die vollständige Naht nahezu gleichzeitig aufgebracht,
- die Lage der Schweißnaht ist vorher bekannt; es sind keine großen Relativbewegungen von Gurt und Steg der Baugruppe zu erwarten,
- der Verlauf der temperatur- und gefügeabhängigen Werkstoffkennwerte wird für den im Stahlhochbau dominierenden Werkstoff ST 52 übernommen,
- der Schweißzusatzwerkstoff hat die gleichen Werkstoffeigenschaften wie das Basismaterial.

Die Berechnung von Eigenspannungen und Schweißverzug erfolgt in zwei Stufen: zunächst werden die metallurgischen Gefügeumwandlungen und das sich einstellende Temperaturfeld bestimmt. Anschließend werden die resultierenden Spannungen und Verformungen auf der Basis des Temperaturfelds über einen thermoelastischen Ansatz berechnet.

Die Durchführung der FEM-Berechnung der in Bild 5.4 dargestellten Schweißaufgabe (Baugruppe mit einseitiger Kehlnaht) benötigte auf einem Rechner vom

Typ VAX 6420 eine CPU-Zeit von 14 Stunden. Ein Vergleich der Simulationsergebnisse mit experimentellen Werten /87/ zeigt folgende Abweichungen:

- die Winkelverformung des Gurtbleches liegt mit 1,0° um 16% unterhalb des Mittelwertes der experimentellen Werte,
- die Querverformung zeigt mit 0,12 mm einen relativen Fehler von 45% gegenüber den experimentellen Werten,
- für die Winkelverformung des Stegbleches ergibt sich mit 0,57° praktisch kein Fehler, das Ergebnis liegt im mittleren Bereich der Bandbreite von praktischen Versuchsergebnissen.

Hinsichtlich der Integration einer FEM-Simulation des Schweißverzugs in eine wissensbasierte Umgebung lassen sich aus den Untersuchungsergebnissen folgende Schlußfolgerungen ziehen:

- Alle baugruppenspezifischen Daten, die für eine FEM-Simulation notwendig sind, lassen sich über Regeln bereitstellen.
- Für das betrachtete Beispiel ergab sich eine gute Übereinstimmung mit experimentellen Werten.
- Eine Automatisierung der FEM-Simulation ist beim heutigen Stand der Erkenntnisse nicht möglich, insbesondere bei der Netzmodellierung und der Steuerung des Simulationsablaufs sind Eingriffe von Seiten eines erfahrenen FEM-Systembedieners notwendig.
- Aufgrund der Komplexität der Baugruppen und einer typischen Anzahl von 10 bis 20 Schweißnähten ist auch bei zunehmender Leistungsfähigkeit der Simulationssysteme mit sehr langen Rechenzeiten zu rechnen.

5.2.4 Gegenüberstellung und Bewertung der Planungsalternativen

Zur Bestimmung der für die Schweißfolgeplanung geeigneten Planungsalternative werden die oben dargestellten Alternativen einander gegenübergestellt und bewertet. Dazu werden aus den Anforderungen an das wissensbasierte Programmierverfahren entsprechende Kriterien abgeleitet, auf deren Basis eine Bewertung durchgeführt wird.

Die Anforderung der indirekten Programmierung wird nicht explizit in die Bewertung aufgenommen, da sie als Grundvoraussetzung ("K.O.-Kriterium") gilt und von allen Alternativen erfüllt wird. Das Ergebnis der Bewertung ist in Bild 5.5 dargestellt.

Verfahrens-anforderungen	Abgeleitete Bewertungs-kriterien / Planungs-alternativen	Allgemeine schweißtechnische Regeln	Geometrisch ähnliche Baugruppen	Simulations-basierte Methoden
Kurze Planungs-dauer	Geringer Planungsaufwand	●	◑	○
Geringe Investitions-kosten	Geringe Kosten für zusätzlich erforderliche Hard- und Software	●	●	○
Unterstützung des Bedieners	Keine zusätzlichen Benutzer-eingaben erforderlich	●	●	○
Konsistente Schweiß-planung	Integrierbarkeit in die wissens-basierte Schweißprozeßplanung	●	●	◔
Maß- und Form-haltigkeit	Planung der Schweißfolge für beliebige Geometrien	◕	○	◕
	Planung der Schweißfolge für bestimmte Nahtkombinationen	●	○	◕
	Planung der Schweißfolge für bekannte Baugruppenklassen	●	●	◕
Formelle Darstellung des Planungswissens	Entscheidungstransparenz für den Bediener	●	◕	○

Legende: Kriterium erfüllt ⟶ Kriterium nicht erfüllt: ● ◕ ◑ ◔ ○

Bild 5.5: Bewertung der Ansätze zur Schweißfolgeplanung

Aus der Bewertung der Planungsalternativen ergibt sich, daß zwar die simulationsbasierten Methoden prinzipiell für beliebige Baugruppengeometrien eingesetzt werden können, aber andere Kriterien - insbesondere die kurze Planungsdauer und die Maß- und Formhaltigkeit - nicht erfüllt werden. Aus diesem Grund wird der simulationsbasierte Ansatz nicht weiter verfolgt.

Vergleicht man die Alternative der allgemeinen schweißtechnischen Regeln gegenüber der Planung mittels geometrisch ähnlicher Baugruppen, so zeigen sich wesentliche Vorteile für die erste Alternative. Aus diesem Grund wird diese Alternative als Ansatz zur wissensbasierten Schweißfolgeplanung ausgewählt. Zur Realisierung dieser Alternative ist die Entwicklung einer Strategie zur Auswahl IR-geeigneter Regeln und die Abbildung einer Rangfolge der Regeln erforderlich, um bei Planungskonflikten die jeweils geeignete Regel zur Anwendung bringen zu können (siehe Kap. 6.2).

5.3 Bahnfolgeoptimierung

Die Planungsaufgabe der Bahnfolgeoptimierung läßt sich formal beschreiben als graphentheoretisches Problem, für das aus der Permutation aller möglichen Positionierbahnen zwischen den Schweißnähten einer Baugruppe diejenige Kombination auszuwählen ist, die jede Schweißnaht genau einmal anfahren läßt und ein Optimierungskriterium möglichst gut annähert[1]. Als Zielkriterium wird eine insgesamt möglichst kurze Positionierzeit angestrebt, um der Anforderung nach einer Optimierung der Taktzeit (s. Kap. 3.3.3) nachzukommen.

Bezeichnet man bei einer Baugruppe mit n Schweißnähten die Menge der Nähte mit

$$S = \{s_1, s_2 .. s_n\}$$

und die Menge der benötigten Positionierzeiten von allen möglichen Positionierbahnen von dem Ende einer Naht zum Anfang einer nächsten mit

$$P = \{p_{1,2}, p_{1,3} .., p_{n-1,n}\},$$

so ergibt sich zur formellen Darstellung der Planungsaufgabe ein gerichteter Graph[2]:

$$\vec{G} = \{S, P\}.$$

Zur Lösung des Planungsproblems ist nun für diesen Graph $\vec{G}$ eine Bahnfolgefunktion $\pi(i)$ als zyklische Permutation von S zu bestimmen, die für $\vec{G}$ einen Hamilton-Kreis darstellt bzw. diesen möglichst gut annähert. Mit dieser Bahnfolgefunktion $\pi(i)$ werden aus der Menge P diejenigen Positionierzeiten ausgewählt, die dann zu einer möglichst geringen Gesamt-Positionierzeit führen.

Die Gesamt-Positionierzeit P_{ges} einer Baugruppe läßt sich dabei mittels der Bahnfolgefunktion $\pi(i)$ wie folgt berechnen:

$$P_{ges}(\pi) = \sum_{i=0}^{n+1} p_{i,\pi(i)}$$

Aus dieser Darstellung der Planungsaufgabe ergibt sich eine Einordnung in die Klasse der nicht-deterministischen polynominalen Entscheidungsprobleme (NP-vollständig), für die eine optimale Lösung in der Regel nicht mit polynominalem

---

1 Im Sinne der Graphentheorie bedeutet dies hier die Bestimmung eines "Hamilton-Kreises".

2 Da mit der Vorgabe der Schweißrichtung in der Schweißprozeßplanung die Positionierwege hin zu einer Naht bzw. von ihr weg in der Regel unterschiedlich sind, ergibt sich ein gerichteter Graph (Digraph).

Berechnungsaufwand[1] gefunden werden kann (exponentielles Anwachsen des Lösungsraums) und somit die Planungsaufgabe unter den gegebenen Randbedingungen - insbesondere der Anforderung der kurzen Planungsdauer, s. Kap. 3.3.1 - nicht lösbar wäre.

Allerdings ergibt die Wissensakquisition für dieses Planungsproblem[2] mehrere Planungsalternativen /88, 89, 90/, die über entsprechende Näherungsverfahren den Lösungsraum reduzieren und eine hinreichend gute Lösung finden lassen. Die Eigenschaften dieser Planungsalternativen, die Planungsgenauigkeit (d. h. der Grad des Erreichens der optimalen Lösung) und der erforderliche Berechnungsaufwand zur Lösungsfindung sind in Bild 5.6 zusammengefaßt.

Planungs-alternative	**Zugrunde-liegender Algorithmus**	**Lösungsansatz**	**Planungs-genauigkeit**	**Berech-nungs-aufwand[1]**
1. Optimale Lösung	Vollständige Suche	Durchsuchen aller möglichen Lösungen	Optimal	n!
Verzweigungs-verfahren (Branch and Bound)	1. Little 2. Eastman	Iteration der optimalen Lösung durch obere und untere Schranken	Optimal	bis zu n!
2. Approximative Algorithmen	1. Tree Algorithmus 2. Christofides Algorithmus	Bestimmung eines minimal erzeugenden Baums und Hinzufügen von Kanten	1- bzw. ½-approximativ[3]	n^2 bzw. n^3
3. Heuristischer Ansatz	Einfüge-algorithmen	Bestimmung des jeweils am weitesten entfernten Knotens und Einsortierung	nicht explizit quantifizierbar	n^2
4. Einstufiges Suchverfahren	Markierungs-algorithmus ("Greedy-Algorithmus"	Bestimmung des Knotens mit dem jeweils kleinsten Abstand u. Reihenfolgebildung	nicht explizit quantifizierbar	n

Bild 5.6: Spezifikation der Eigenschaften von Planungsalternativen zur Bahnfolgeoptimierung /88, 89, 90/

---

[1] mit Berechnungsaufwand wird hier die Zeitkomplexität des zugrundeliegenden Algorithmus angegeben, d. h. eine Funktion f, die für f(n) die maximal benötigte Schrittzahl enthält /88/.

[2] Es handelt sich um ein asymmetrisches Travelling Salesman Problem, da im vorliegenden räumlichen Fall von Positionierbahnen die Dreiecksungleichung nicht erfüllt ist.

[3] d. h. die Gesamt-Positionierzeit ist höchstens doppelt bzw. 1 ½ so groß wie bei der Optimallösung

Die Bewertung der Planungsalternativen führt zu der in Bild 5.7 dargestellten Übersicht. Der heuristische Ansatz stellt im direkten Vergleich zu den anderen Alternativen den besten Kompromiß zwischen einer stark verkürzten Planungsdauer (der Berechnungsaufwand nimmt nur linear mit der Anzahl der Schweißnähte zu) und einer Bahnfolge mit hinreichend kurzer Gesamtdauer dar.

Verfahrensanforderung	**Planungsalternative** / **Abgeleitetes Bewertungskriterium**	Optimale Lösung	Verzweigungsverfahren	Approximative Algorithmen	Heuristischer Ansatz	Einstufiges Suchverfahren
Indirekte Programmierung	Bahnfolgeplanung ohne Produktionsunterbrechung	●	●	●	●	●
Kurze Planungsdauer	Geringer Berechnungsaufwand des Algorithmus	○	○	◐	●	●
Unterstützung des Planers	Planungstransparenz und Nachvollziehbarkeit für Bediener	○	○	○	●	●
Optimierung der Taktzeit	Bahnfolge mit hinreichend kurzer Gesamtdauer	●	●	◕	◕	◐
Auflösen von Zielkonflikten	Berücksichtigung von Vorgaben aus der Schweißfolgeplanung [1]	●	●	●	●	●

Legende: Kriterium erfüllt ⟶ Kriterium nicht erfüllt
● - ◕ - ◐ - ◔ - ○

Bild 5.7: Bewertung der Planungsalternativen zur Bahnfolgeoptimierung

Es ist dabei allerdings zu berücksichtigen, daß die Anwendung des heuristischen Ansatzes in der Regel nur zu einer suboptimalen Näherungslösung führt. Wägt man aber den Fehler der Näherungslösung gegenüber der stark verkürzten Planungsdauer ab, so ist für die vorliegende Planungsaufgabe der heuristische Ansatz vorzuziehen. Ferner kann die mit diesem Algorithmus geplante Bahnfolge aufgrund des einfachen mathematischen Ansatzes vom Bediener anschaulich nachvollzogen werden ("plane zuerst die am weitesten entfernt liegenden Nähte"), wodurch eine hohe Planungstransparenz erreicht wird. Die Anwendung des heuristischen Ansatzes für das vorliegende Planungsproblem erfordert noch wesentliche konzeptionelle Erweiterungen, die in Kap. 6.3 abgeleitet werden.

---

[1] Vorgaben aus der Schweißfolgeplanung werden berücksichtigt durch die Bildung von Schweißfolgegruppen und eine entsprechende Reduktion des Ausgangsgraphen (siehe Kap. 6.3).

5.4 Trajektorienplanung

Die Trajektorienplanung setzt sich - wie bereits in Kap. 3.2.2 erläutert - aus zwei Teilaufgaben zusammen:

- die Planung der eigentlichen Schweißbewegungen und
- die Planung der Positionierbewegungen des Brenners von einer Naht zur nächsten (einschließlich der Umorientierung der Baugruppe).

Grundsätzlich ergibt die Wissensakquisition zwei Alternativen zur Trajektorienplanung. Als erste Alternative können die allgemeingültigen, numerischen Verfahren zur Bahnplanung eingesetzt werden, die durch einen hohen Berechnungsaufwand gekennzeichnet sind und sich bisher in der praktischen Anwendung aufgrund der langen Planungsdauer nicht bewährt haben (siehe Kap. 3.2). Es fehlt diesen Verfahren insbesondere die Möglichkeit, die Komplexität des Lösungsraums durch verfügbares "Wissen" über die Planungsaufgabe und geeignete Lösungsstrategien einzuschränken.

Im Gegensatz dazu kann eine zweite Planungsalternative auf der Grundlage des wissensbasierten Ansatzes entwickelt werden, die die spezifischen Eigenschaften des vorliegenden Produktspektrums des Stahlhochbaus zur Planungsvereinfachung und damit -verkürzung nutzt. Aus diesen Eigenschaften werden unter Berücksichtigung der spezifischen Anforderungen Planungsregeln abgeleitet, die eine gezielte und vollständige Trajektorienplanung ermöglichen.

Diese Planungsalternative ist dann allerdings nur für das vorliegende Produktspektrum anwendbar und kann nicht ohne grundlegende Anpassung auf andere Bereiche übertragen werden.

Vergleicht man beide Planungsalternativen hinsichtlich der Erfüllung der hier zu stellenden Verfahrensanforderungen, so ergibt sich die in Bild 5.8 dargestellte Bewertung.

Da die numerischen Verfahren die Anforderung der kurzen Planungsdauer nicht erfüllen, wird die Planungsalternative des wissensbasierten Ansatzes ausgewählt. Diese Planungsalternative ist im folgenden so zu realisieren, daß die roboterspezifischen Anforderungen vollständig erfüllt werden. Dazu wird in Kap. 6.4 eine entsprechende Methode entwickelt.

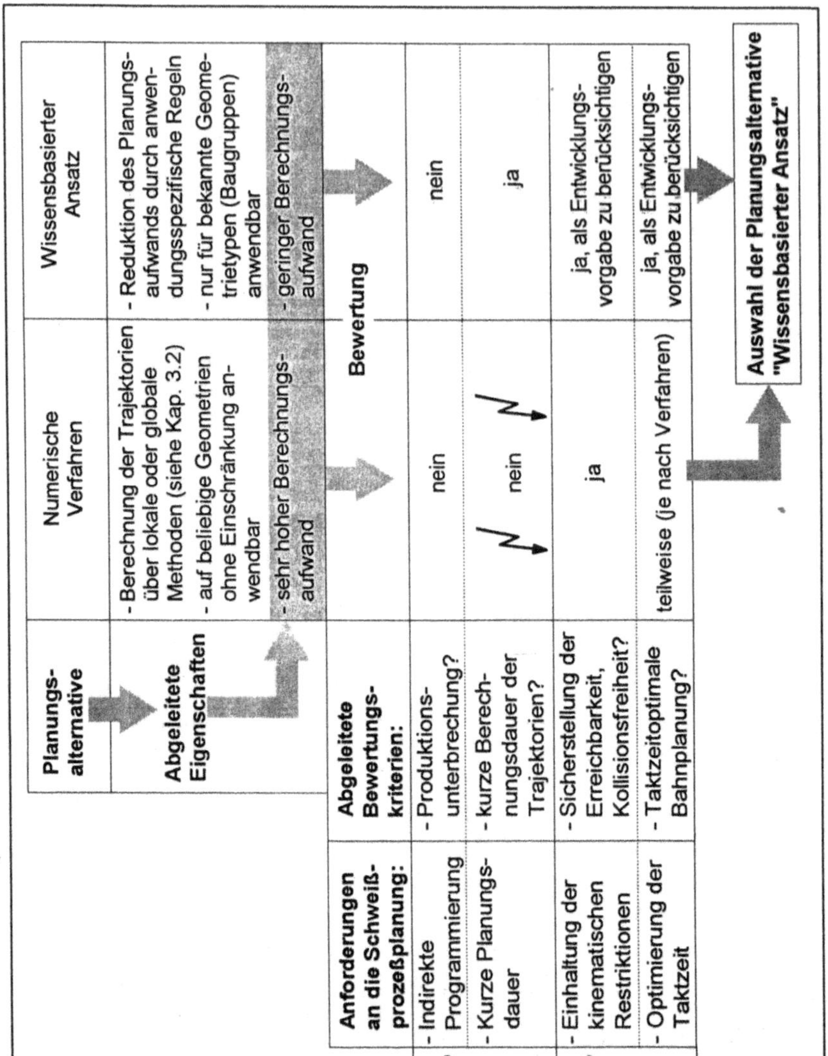

Bild 5.8: Bewertung und Auswahl von Planungssalternativen zur Trajektorien-planung

6 Entwicklung von Methoden zur wissensbasierten Programmierung im Stahlhochbau

6.1 Entwicklung einer Methode zur wissensbasierten Schweißprozeßplanung

6.1.1 Aufbau eines Klassifikationssystems

Die wissensbasierte Schweißprozeßplanung auf der Grundlage von anlagenspezifischen Datenobjekten erfordert die Entwicklung einer Methode zur eindeutigen Zuordnung von Schweißparametern zu einzelnen Nähten. Dazu wird im folgenden ein Klassifikationssystem entwickelt, das diese Zuordnung für das Produktspektrum des Stahlhochbaus vollständig leisten kann.

Zum Aufbau des Klassifikationssystems werden zunächst alle für die Auswahl von Schweißparametern relevanten Kriterien bestimmt und es werden geeignete Kenngrößen und Regeln zu ihrer Klassifikation abgeleitet. Anschließend werden diese Kenngrößen und Regeln in einer für die wissensbasierte Klassifikation geeigneten Form abgebildet. Die Klassifikationskriterien ergeben sich dabei aus der Analyse des Produktspektrums im Stahlhochbau und der Ablaufbeschreibung der Schweißprozeßplanung gemäß Kap. 3.2.

Zur Abgrenzung der Klassifikationskriterien wird im folgenden zwischen baugruppenspezifischen Kriterien, die sich ausschließlich aus den Konstruktionsdaten ableiten lassen, und anlagenspezifischen Kriterien, die durch die Kennwerte der Komponenten der vorgesehenen Industrieroboteranlage beeinflußt werden, unterschieden.

6.1.1.1 Baugruppenspezifische Kriterien

Um die Klassifikation in möglichst kurzer Wissenspropagationszeit (und damit auch Planungsdauer) durchführen zu können, ist als erstes Klassifikationskriterium die Werkstoffpaarung der beim Schweißen einer Naht beteiligten Fügepartner zu wählen. Dadurch kann die Anzahl der im folgenden zu untersuchenden Planungsalternativen stark eingeschränkt werden, woduch sich wiederum die Wissenspropagationszeit entsprechend verkürzt. Die zur Klassifikation nötigen Planungsdaten der Werkstoffpaarung sind als Stücklisteninformationen verfügbar, die in der Klasse "Werkstück" abgebildet sind und über eine Verbindung zur Klasse "Schweißnaht" zugeordnet werden können.

Als nächstes Klassifikationskriterium wird die Stoßart der Fügestellen festgelegt, da diese einen erheblichen Einfluß auf die Brennerorientierung und damit auch die weitere Auswahl der Schweißparameter hat. Zur Identifikation und Klassifikation der Stoßart wird für das vorliegende Produktspektrum ein regelbasiertes Analyseschema entwickelt, das bestimmte geometrische Größen der Stoßart aus CAD-Daten ableiten und dadurch eindeutig klassifizieren läßt (siehe Bild 6.1).

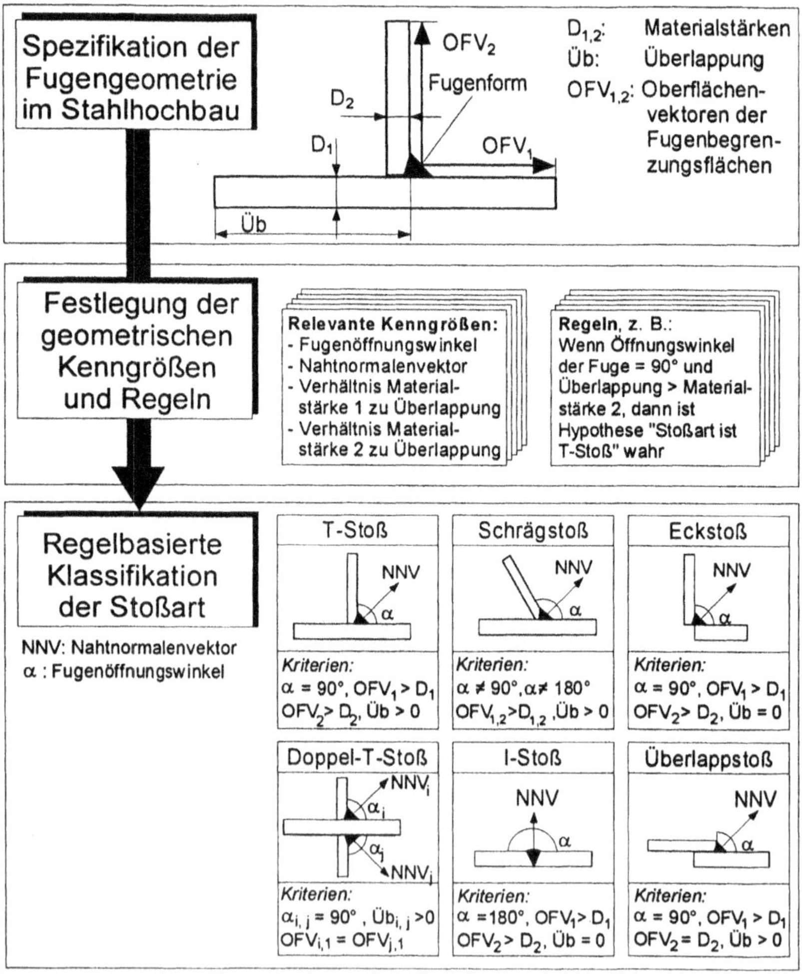

Bild 6.1: Entwicklung eines Analyseschemas zur Klassifikation der Stoßart

Über die Klassifikation der Stoßart hinaus werden mit diesem Analyseschema noch andere für die Planung erforderliche Daten bestimmt, wie beispielsweise der Nahtnormalenvektor (NNV) oder der Fugenöffnungswinkel der Schweißnaht zur späteren Auswahl der geeigneten Orientierung des Brenners in der Schweißfuge.

Zur weiteren Klassifikation wird das Kriterium der Begrenzung der Schweißnaht in Nahtrichtung, d. h. das Vorhandensein von Barrieren am Nahtanfang oder -ende, herangezogen. Da durch die Begrenzungen der Schweißnaht die Zugänglichkeit der Schweißfuge am Nahtanfang und -ende erheblich beeinträchtigt wird, ist es notwendig, dafür eine modifizierte Brennerorientierung mit entsprechend ausgewählten Schweißparametern zu planen.

Für dieses Klassifikationskriterium wird ebenfalls ein Analyseschema für geometrische CAD-Daten entwickelt, das auf einer Untersuchung der möglichen Formen von Nahtbegrenzungen des Produktspektrums beruht. Aus den unterschiedlichen Formen der Nahtbegrenzung werden die relevanten geometrischen Kenngrößen zur Klassifikation festgelegt und Produktionsregeln zur Klassifikation abgeleitet. Dies umfaßt ebenfalls Planungsvorgaben zur Orientierung des Schweißbrenners am Anfang bzw. am Ende der Schweißnaht, um Kollisionen des Schweißbrenners während des Schweißens sicher ausschließen zu können (siehe Bild 6.2).

Weiterhin ist zum Aufbau des Klassifikationssystems die Berücksichtigung von nichtgeometrischen CAD-Daten erforderlich, die ebenfalls in der Konstruktionsphase festgelegt werden: die Fugenform mit der Luftspaltbreite (d. h. Form der Nahtvorbereitung), die Nahtstärke und die Nahtausführung (Oberflächenform, Nahtgüte etc.). Diese Daten werden allerdings nicht als geometrische, sondern als symbolische Größen in CAD-Systemen modelliert und müssen somit gesondert behandelt werden.

Die Klassifikation der Fugenform mit der zulässigen Luftspaltbreite erfolgt gemäß der in DIN 1912 /91/ und DIN 8551 /92/ vorgegebenen Bezeichnungen für die Fugenvorbereitung bzw. den sich daraus ergebenden Nahtarten. In Abhängigkeit von der Nahtart ist darüber hinaus ein zusätzliches Klassifikationskriterium für die Nahtstärke vorzusehen, um Nähte wie z. B. die im Stahlhochbau bei T-Stößen oft eingesetzte einfache Kehlnaht erfassen zu können. Die Nahtausführung wird gemäß der in /92/ vorgegebenen Unterscheidungsmerkmale klassifiziert.

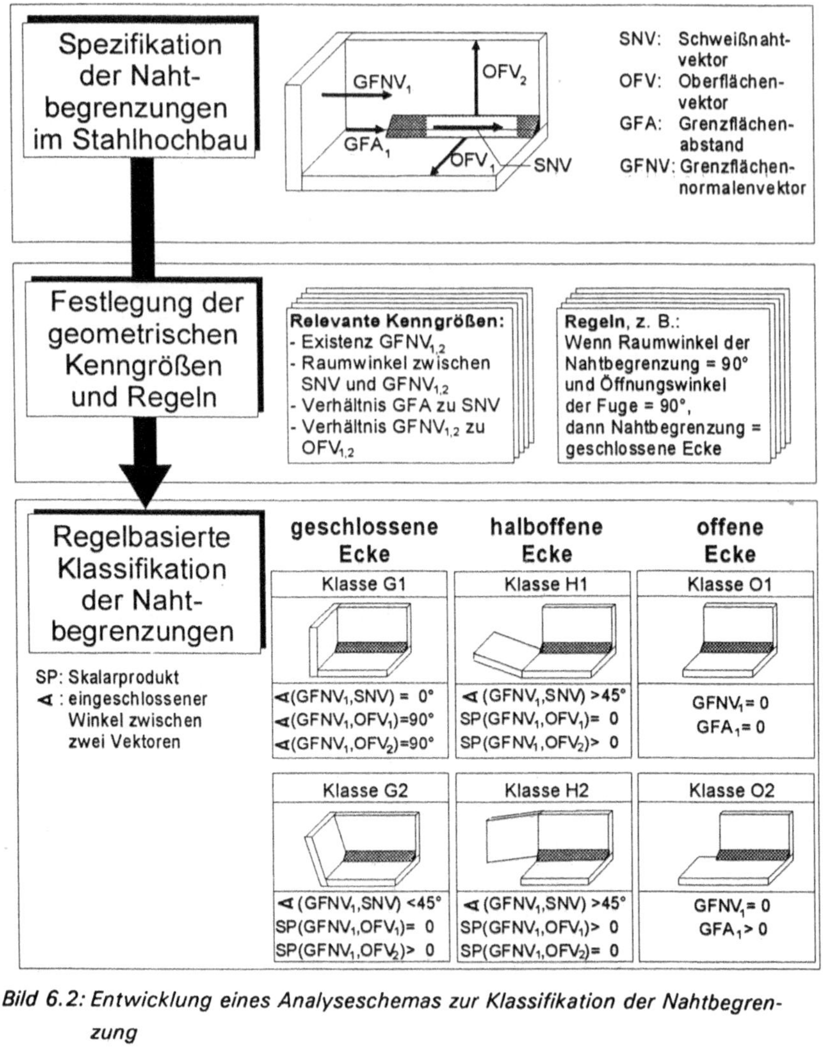

Bild 6.2: Entwicklung eines Analyseschemas zur Klassifikation der Nahtbegrenzung

6.1.1.2 Anlagenspezifische Kriterien

Der weitere Aufbau des Klassifikationssystems erfordert die Spezifikation von anlagenspezifischen Kriterien, die die spezifischen Eigenschaften des eingesetzten Industrierobotersystems bei der Auswahl der Schweißparameter berücksichtigen läßt. Die Ausgangsdaten zur Bestimmung der anlagenspezifischen Kriterien sind als deklarative Wissenskomponenten in den in Kap. 4.3 vorgestellten Klassen zur Beschreibung der anlagenspezifischen Fertigungsmittel (Zellenlayout, Industrieroboter, Stromquelle etc.) verfügbar. Im folgenden werden daraus diejenigen anlagenspezifischen Kriterien, die für die weitere Klassifikation von Schweißnähten und der Auswahl von Schweißparametern notwendig sind, abgeleitet und die zur Klassifikation erforderlichen Produktionsregeln spezifiziert.

Als erstes anlagenspezifisches Klassifikationskriterium wird die Schweißposition festgelegt. Sie bestimmt wesentlich die weitere Auswahl der Schweißparameter und ermöglicht so eine starke weitere Einschränkung des Lösungsraums zur Verkürzung der Wissenspropagationszeit.

Bei dem vorliegenden Ansatz zur Planung der Schweißposition werden nicht nur die schweißtechnischen Zielvorgaben zur Sicherung der Schweißgüte einbezogen, sondern auch die (anlagenspezifischen) Möglichkeiten zum Erreichen einer vorgegebenen Orientierung untersucht, die durch die kinematischen Eigenschaften des eingesetzten Positionierers und der Aufspannung der Baugruppe begrenzt sind. Dadurch kann berücksichtigt werden, daß eine von Seiten der Schweißtechnik günstige Schweißposition auf der vorgesehenen Industrieroboteranlage nicht erreicht werden kann und entweder eine weniger günstige Schweißposition oder eine andere Baugruppenaufspannung gewählt werden muß.

Zur Planung der geeigneten Schweißposition wird die in Bild 6.3 dargestellte Methodik entwickelt. Dabei werden die möglichen Schweißpositionen in Klassen abgebildet und hinsichtlich der erzielbaren Schweißgüte in einer Rangfolge eingeordnet. Um festzustellen, ob eine Schweißposition bei gegebenem Positionierer und Baugruppenaufspannung erreichbar ist, wird die Kinematik des Positionierers entsprechenden Klassen und Regeln zugeordnet.

Die eigentliche Planung der Schweißposition erfolgt auf der Grundlage eines iterativen Ansatzes. Gemäß der Rangfolge der Schweißpositionen wird für jede Naht eine möglichst günstige Position ausgewählt. Anschließend sind über einen Algorithmus die zum Erreichen der Schweißposition erforderlichen Drehungen der Positioniererachsen zu berechnen, die dann mittels anlagenspezifischer Regeln auf Zulässigkeit überprüft werden.

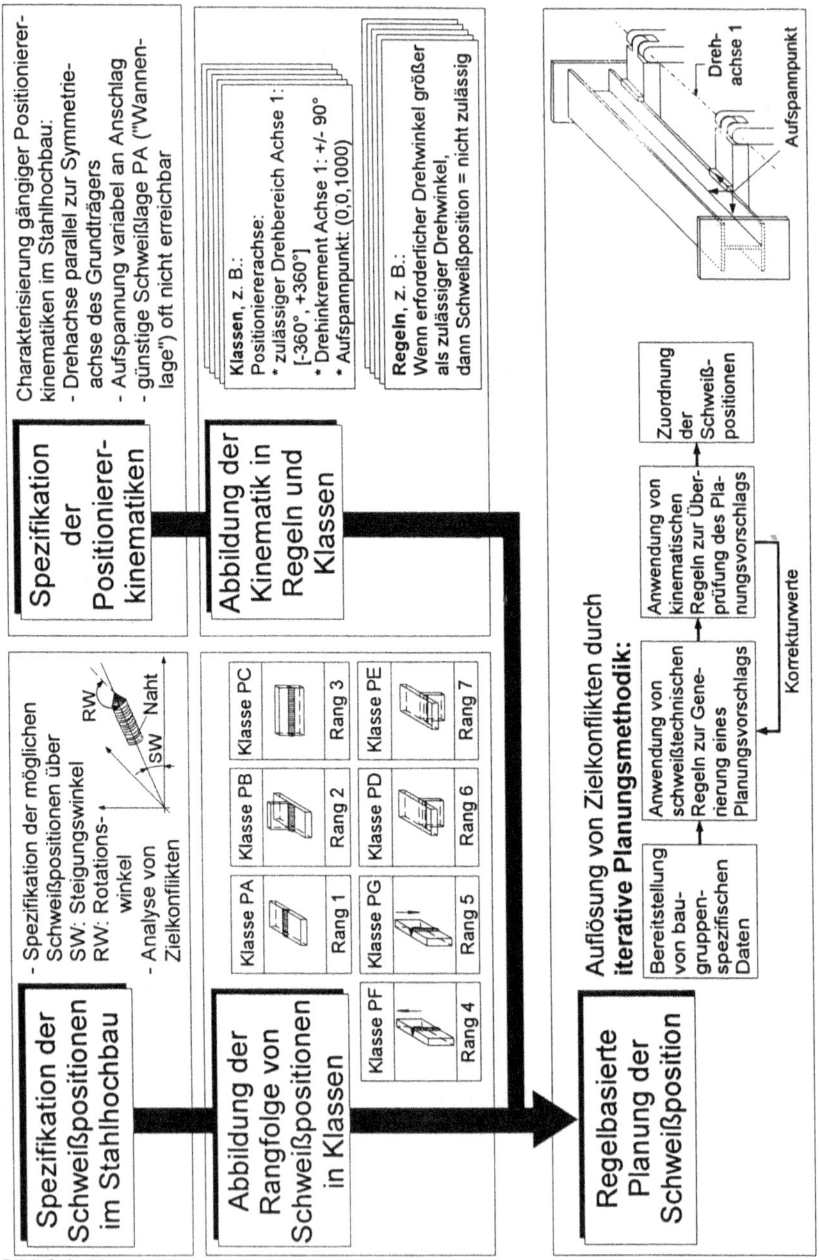

Bild 6.3: Entwicklungsprinzip von Produktionsregeln zur iterativen Planung der Schweißposition

Falls die vorgeschlagene Schweißposition nicht erreichbar oder unzulässig ist, wird solange eine andere Schweißposition als neuer Planungsvorschlag gemäß der festgelegten Rangfolge generiert und auf Erreichbarkeit überprüft, bis eine zulässige Schweißposition ermittelt werden kann.

Zur weiteren Klassifikation und Zuordnung von Schweißparametern wird eine Methodik zur Unterteilung von Schweißnähten in einzelne Nahtsegmente entwickelt. Auf der Grundlage der zur Verfügung stehenden Planungsdaten aus den Klassen "Schweißnaht" und "Brenner" wird eine Methodik zur Segmentierung von Nähten entwickelt (siehe Bild 6.4). Jedes Nahtsegment wird dabei als eigene Klasse aufgefaßt, der jeweils ein eigener Schweißparametersatz zugeordnet wird.

Bei dieser Methodik werden das Einfahr- und Ausfahrsegment so festgelegt, daß bei der kontinuierlichen Umorientierung des Brenners während des Schweißens eine Kollision mit den nahtbegrenzenden Flächen ausgeschlossen werden kann. Die Längen dieser Nahtsegmente werden auf der Basis der in Bild 6.4 dargestellten geometrischen Beziehungen der Schweißfuge und des Brenners berechnet. Bei entsprechender Nahtlänge wird für den verbleibenden mittleren Bereich der Schweißnaht ein Hauptsegment definiert, dem die jeweils schweißtechnisch günstigste Brennerorientierung zugeordnet wird.

Zur Vervollständigung des Klassifikationssystems ist noch die Berücksichtigung der folgenden anlagenspezifischen Kriterien erforderlich, die entsprechend in das Klassifikationssystem einbezogen werden:

- Als Selektionskriterium besitzt die Stromquelle einen eher indirekten Einfluß. Durch die Vorgabe eines Stromquellen-Typs werden die zu bestimmenden Schweißparameter auf den entsprechenden Leistungsbereich eingeschränkt. Zusätzlich bestimmt die Vorgabe des Stromquellen-Typs Auswahlmöglichkeiten bezüglich alternativer Betriebsmodi, wie beispielsweise die Möglichkeit des Impulsschweißens.

- Das Kriterium "Schweißdraht" beeinflußt ebenfalls die Auswahl der Schweißparameter. Je nach vorgegebenem Drahtdurchmesser und -werkstoff ergeben sich in der Klassifikation entsprechend unterschiedliche Schweißparametersätze.

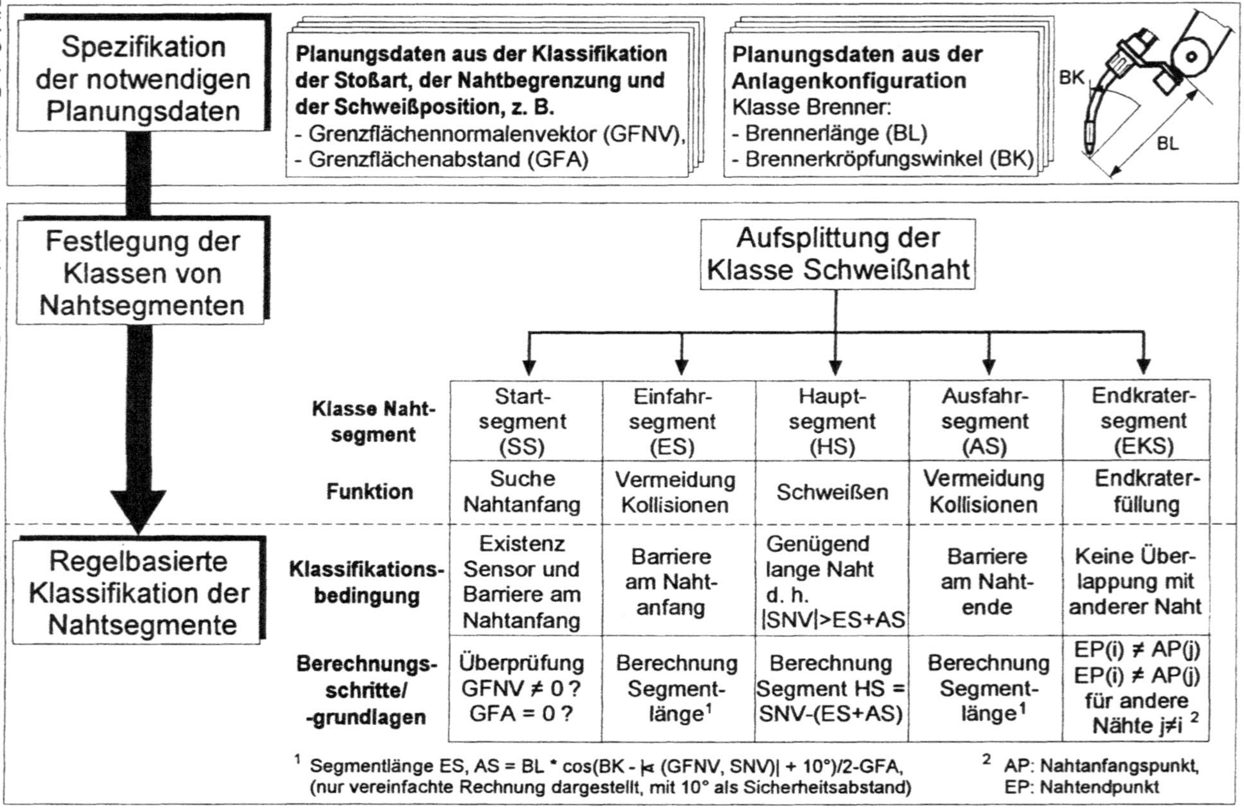

Bild 6.4: Entwicklungsprinzip von Produktionsregeln zur Planung der Naht-segmente

- Die Zusammensetzung des Schutzgases wird aufgrund seiner direkten Auswirkung auf den Schweißprozeß ebenfalls in das Klassifikationssystem einbezogen, insbesondere auch um die geforderte Schweißgüte erreichen zu können.

6.1.2 Entwicklung eines informationstechnischen Modells zur Schweißprozeßplanung

6.1.2.1 Konstruktive Schweißnahtdaten

Die Durchführung einer Klassifikation zur wissensbasierten Schweißprozeßplanung erfordert die Bereitstellung von Eingangsdaten, die die konstruktiven Eigenschaften der Schweißnähte vollständig beschreiben. Dazu wird eine Erweiterung der in Kap. 4.3 konzipierten Klasse "Schweißnaht" um Unterklassen und Attribute entwickelt, um alle notwendigen Daten für die Klassifikation zur Verfügung stellen zu können. Im Verlauf der Schweißprozeßplanung greifen die prozeduralen Wissenskomponenten auf diese Daten zu und nutzen sie für die Planung der Schweißprozesse.

Als erste Unterklasse wird die Klasse "Nahtkonstruktion" definiert, unter der alle weiteren Klassen zur Beschreibung der Schweißnahtdaten aus der Konstruktionsphase zusammengefaßt sind. Die erste dieser weiteren Unterklassen, die Klasse "Nahtgeometrie", beschreibt die rein geometrischen Eigenschaften von Schweißnähten, wie z. B. Start- und Endpunkt der Nähte im Werkstückkoordinatensystem, Oberflächenvektoren zur Beschreibung der den Schweißstoß formenden Flächen und der Materialstärken am Schweißstoß.

In der Klasse "Nahttechnologie" werden diejenigen Eigenschaften festgeschrieben, die bereits fertigungstechnischen Charakter haben, d. h. über die rein geometrische Beschreibung hinaus gehen, aber ebenfalls in der Konstruktionsphase festgelegt werden. Zu diesen Eigenschaften zählen die Werkstoffart, die geforderte Nahtstärke und -güte sowie die vorgesehene Fugenform und Luftspaltbreite (siehe Bild 6.5).

Zur Bereitstellung dieser konstruktiven Daten aus einem CAD-System ist die Implementierung systemspezifischer Schnittstellen gemäß der hier entwickelten Datenstruktur notwendig, da die für die Schweißprozeßplanung erforderlichen Daten je nach eingesetztem CAD-System in unterschiedlichen Formaten zur Verfügung stehen. Die Implementierung dieser Schnittstellen umfaßt dabei sowohl Module zur Übertragung von konstruktiven Schweißnahtdaten über dedizierte Direktschnittstellen als auch eine Untermenge der genormten IGES-Schnittstelle (siehe Kap. 7).

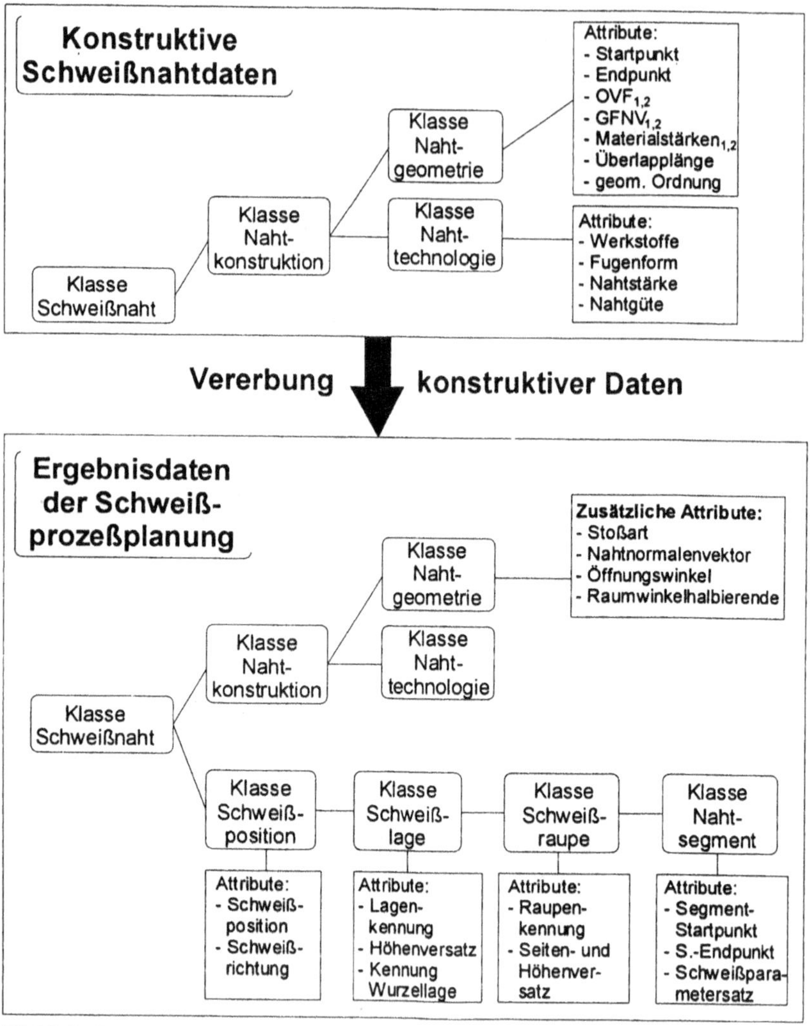

Bild 6.5: Entwicklung des Datenmodells zur Vererbung von Konstruktions- zu Schweißprozeßdaten

6.1.2.2 Daten der Schweißprozeßplanung

Die Ergebnisdaten aus der Schweißprozeßplanung sind ebenfalls zur weiteren konsistenten Planung in dem Datenmodell abzubilden. Dazu werden von der Klasse "Schweißnaht" weitere Unterklassen gebildet, die die Eigenschaften der konstruktiven Schweißnahtdaten erben, und um die Planungsdaten der Schweißprozeßplanung ergänzt werden. Die Struktur der Klassen und die ergänzenden Attribute sind im einzelnen in Bild 6.5 dargestellt.

Die Klasse "Schweißposition" dient zur Abgrenzung gegenüber den Klassen der konstruktiven Schweißnahtdaten und umfaßt die weiteren Unterklassen zur Beschreibung der Planungsdaten aus der Schweißprozeßplanung. Als wichtige Attribute werden hier die Schweißposition und die Schweißrichtung einer Naht festgelegt.

Die Unterteilung einer Naht in mehrere Schweißlagen bzw. -raupen ist in den Klassen "Schweißlage" bzw. "Schweißraupe" festgeschrieben. Diese Klassen enthalten neben der jeweiligen Lagen- bzw. Raupenkennung auch Informationen über den relativen Seiten- und Höhenversatz der Lage bzw. Raupe im Bezug zum geometrischen Ursprung der Naht.

In der Klasse "Nahtsegment" ist die Unterteilung einer Naht (bzw. einer Lage oder Raupe) in einzelne Segmente festgelegt. Die wesentlichen Attribute dieser Klasse umfassen den Start- und Endpunkt des Segments in Werkstückkoordinaten und die Kennung für einen für dieses Nahtsegment ausgewählten Satz von Schweißparametern.

6.2 Entwicklung einer Methode zur wissensbasierten Schweißfolgeplanung

6.2.1 Aufbau eines Gruppierungssystems und Spezifikation der logischen Beziehungen

Zur Realisierung der wissensbasierten Schweißfolgeplanung auf der Grundlage allgemeiner schweißtechnischer Regeln wird im folgenden ein Gruppierungssystem entwickelt, das für bestimmte geometrische Gruppierungen von Nähten des Stahlhochbaus eine feste Schweißreihenfolge vorgeben läßt. Die dabei angewendete Methodik zur Entwicklung des Gruppierungssystems ist in Bild 6.6 dargestellt.

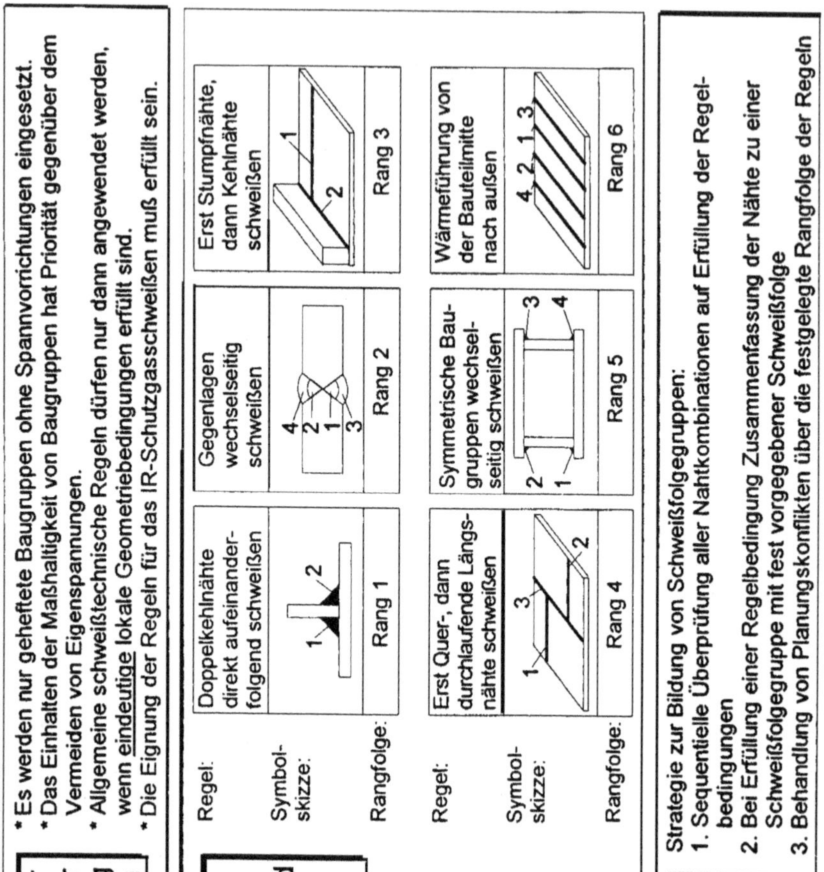

Bild 6.6: Entwicklung des Gruppierungssystems und einer Strategie zur Planung der Schweißfolge

Die Anpassung der allgemeinen schweißtechnischen Regeln für das vorliegende Planungsproblem erfordert noch die Überprüfung der Eignung dieser Regeln für das Industrieroboter-Schweißen, da diese Regeln ursprünglich aus dem Bereich des manuellen Schweißens abgeleitet sind. So lassen sich beispielsweise Regeln zum schrittweise unterbrochenen Schweißen ("Pilgerschritt-Schweißen") mit der heute verfügbaren Sensorik nicht mit vertretbarem Aufwand beim IR-Schweißen realisieren. Alle Regeln, die nicht für das IR-Schweißen sinnvoll angewendet werden können, werden im folgenden nicht weiter betrachtet.

In Ergänzung zu der in Bild 6.6 dargestellten Strategie zur regelbasierten Schweißfolgeplanung muß noch sichergestellt werden, daß Regeln nur dann angewendet werden, wenn sie eindeutig zur Einhaltung der Maßhaltigkeit beitragen (ansonsten ist die Optimierung der Taktzeit vorzuziehen, siehe Kap. 6.3).

Bei geometrisch nicht eindeutig zu identifizierenden Nahtkonstellationen wird hier die Strategie verfolgt, diesen Nähten keine fest vorgegebene Schweißfolge zuzuordnen, um Fehlplanungen auszuschließen und die Planung einer taktzeitoptimalen Bahnfolge zu begünstigen.

Die Bedingungen zur Erkennung von Nahtkonstellationen aus den vorliegenden Planungsdaten - auf der Grundlage der in Kap. 6.1 vorgestellten Erweiterung des Datenmodells - werden in Bild 6.7 abgeleitet. Zum besseren Verständnis wird für jede logische Bedingung eine kurze Erläuterung gegeben.

Durch Abbildung dieser logischen Beziehungen als Bedingungsteil von Produktionsregeln ergibt sich das Gruppierungssystem, aus dem sich dann unter Berücksichtigung der Rangfolge der Regeln eine Schweißfolge ermitteln läßt.

6.2.2 Erweiterung des informationstechnischen Datenmodells

Die Ergebnisse der wissensbasierten Schweißfolgeplanung werden zur konsistenten Datenspeicherung in dem informationstechnischen Datenmodell abgebildet. Dazu wird die Klasse "Schweißraupe" um die Attribute "Schweißgruppe" und "Schweißfolge" erweitert (siehe Bild 6.8).

Regel	Logische Bedingungen zur Regelanwendung auf das Datenmodell	Erläuterung
1. Doppelkehlnähte direkt aufeinanderfolgend schweißen	• $\exists_{s_{i,j}\in S}\left(WKST_{1\wedge 2}(s_i)=WKST_{1\wedge 2}(s_j)\right)$ • $SA(s_{i,j})=\text{"T-Stoß"}$ • $\left(AP(s_i)-EP(s_i)\right)\parallel\left(AP(s_j)-EP(s_j)\right)$ • $\lvert AP(s_i)-AP(s_j)\rvert = d\left(WKST(s_{i\wedge j})\right)$	⇒ Die Fügepartner von zwei Nähten sind identisch ⇒ Beide Nähte haben Stoßart "T-Stoß" ⇒ Beide Nähte verlaufen parallel ⇒ Der Abstand der Nähte ist gleich der Materialdicke
2. Gegenlagen wechselseitig schweißen	• $\exists_{s_{i,j}\in S}\left(WKST_{1\wedge 2}(s_i)=WKST_{1\wedge 2}(s_j)\right)$ • $SA(s_{i,j})=\text{"I-Stoß"}$ • $\left(AP(s_i)-EP(s_i)\right)\parallel\left(AP(s_j)-EP(s_j)\right)$ • $\lvert AP(s_i)-AP(s_j)\rvert \leq d\left(WKST(s_{i\wedge j})\right)$	⇒ Die Fügepartner von zwei Nähten sind identisch ⇒ Beide Nähte haben Stoßart "I-Stoß" ⇒ Beide Nähte verlaufen parallel ⇒ Abstand der Nähte ≤ Dicke der Fügepartner
3. Erst Stumpfnähte, dann durchlaufende Kehlnähte schweißen	• $\exists_{s_{i,j}\in S}\left(WKST_{1\vee 2}(s_i)\right)=\left(WKST_{1\vee 2}(s_j)\right)$ • $SA(s_i)=\text{"I-Stoß"} \wedge SA(s_j)=\text{"T-Stoß"}$ • $\exists_{\lambda\in\Re}\left(\begin{array}{c}AP(s_i)+\lambda\left(EP(s_i)-AP(s_i)\right)=\\ \left(AP(s_j)\vee EP(s_j)\right)\end{array}\right)$	⇒ Zwei Nähte haben einen gemeinsamen Fügepartner ⇒ Eine Naht hat die Stoßart "T-Stoß", die andere die Stoßart "I-Stoß" ⇒ Ein Endpunkt der Naht s_j mit "I-Stoß" liegt auf der Naht s_i mit "T-Stoß"
4. Erst Quer-, dann durchlaufende Längsnähte schweißen	• $\exists_{s_{i,j}\in S}\left(WKST_{1\vee 2}(s_i)\right)=\left(WKST_{1\vee 2}(s_j)\right)$ • $SA(s_{i,j})=\text{"I-Stoß}$ • $AP(s_i),EP(s_i),AP(s_j),EP(s_j)\in \mathrm{E}(s_i,s_j)$ • $\exists_{\lambda\in\Re}\left(\begin{array}{c}AP(s_i)+\lambda\left(EP(s_i)-AP(s_i)\right)=\\ \left(AP(s_j)\vee EP(s_j)\right)\end{array}\right)$	⇒ Zwei Nähte haben einen gemeinsamen Fügepartner ⇒ Die Nähte haben Stoßart "I-Stoß" ⇒ Die Nähte liegen in einer Ebene ⇒ Ein Endpunkt einer Naht s_j (Quernaht) liegt auf einer anderen Naht s_i (Längsnaht)
5. Symmetrische Baugruppen wechselseitig schweißen	• $\exists_{s_{i,j}\in S}\left(PT\left(WKST_{1\vee 2}(s_j)\right)\right)\in\{Sym.\ Profile\}$ • $AP(s_i)=SG\left(\mathrm{E}_{sym.}(WKST_{1\vee 2}),AP(s_j)\right),$ $EP(s_i)=SG\left(\mathrm{E}_{sym.}(WKST_{1\vee 2}),EP(s_j)\right),$ $s_{i\vee j}\parallel SE(WKST_{1\vee 2})$	⇒ Zwei Nähte haben einen gemeinsamen, symmetrischen Fügepartner ⇒ Beide Nähte liegen auf unterschiedlichen Seiten einer Symmetrieebene und verlaufen zu dieser parallel
6. Wärmeführung von der Bauteilmitte nach außen	• $\exists_{\{s_i\}\in S,\ i\geq 2}\left(WKST_{1\vee 2}(s_i)=WKST_{1\vee 2}(s_{i+1})\right)$	⇒ Mehrere Nähte haben jeweils mindestens einen gleichen Fügepartner mit wachsendem Abstand zum BG-Mittelpunkt

Legende:

$\exists$: Existenzquantor	$AP(s_i)$: Anfangspunkt der Naht s_i	$WKST_i(s_j)$: Werkstück i von Naht s_j
$\wedge$: Konjunktion	$EP(s_i)$: Endpunkt der Naht s_i	$PT(WKST_i)$: Profiltyp Werkstück i
$\vee$: Disjunktion	$SA(s_i)$: Stoßart der Naht s_i	$d(WKST_i)$: Materialdicke
$\parallel$: Parallelität	$\mathrm{E}(s_i,s_j)$: Ebene durch Naht s_i, s_j	$SE(WKST_i)$: Symmetrieebene
SG: Spiegelung		

Bild 6.7: Ableitung der logischen Bedingungen zur Regelanwendung auf das objektorientierte Datenmodell

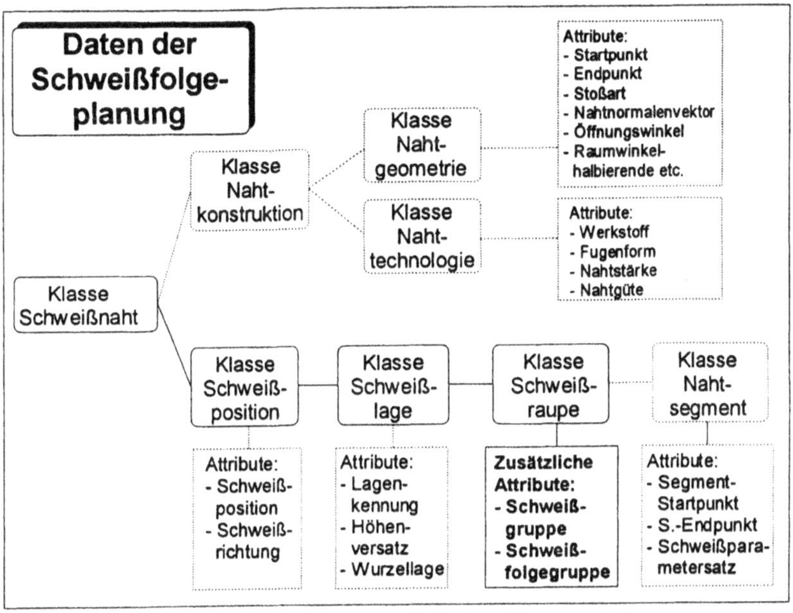

Bild 6.8: Erweiterung des informationstechnischen Datenmodells

Das Attribut "Schweißfolge" beschreibt dabei Nähte, die in direkter Folge geschweißt werden, um den Schweißverzug möglichst gering zu halten. Eine solche Folge von Nähten wird über das Attribut "Schweißgruppe" in Gruppen zusammengefaßt, indem jeder Naht das gleiche Attribut "Schweißgruppe" zugeordnet wird. Falls für bestimmte Nähte keine Regeln zur Vermeidung von Schweißverzug gefunden wurden, wird ihnen ebenfalls ein eigenes Attribut "Schweißgruppe" zugeordnet. Um Zielkonflikte zu vermeiden, wird in dem Datenmodell den Attributen der Schweißfolgeplanung eine höhere Planungspriorität zugeordnet als denen der Bahnfolgeoptimierung.

6.3 Entwicklung einer Methode zur wissensbasierten Bahnfolgeoptimierung

6.3.1 Ableitung von Vereinfachungen und Entwicklung der Methode

Für die wissensbasierten Bahnfolgeoptimierung wurde in Kap. 5.3 die Planungsalternative "Heuristischer Ansatz" ausgewählt. Angewendet auf das hier vorliegende Planungsproblem bedeutet dies, aus der Menge aller Positionierzeiten zwischen den Schweißnähten einer Baugruppe jeweils die größte zu bestimmen und nach einem vorgegebenen Schema in eine entsprechende Schweißfolge einzusortieren.

Um diese Planungsalternative in einer wissensbasierten Umgebung zu realisieren, ist noch eine Methodik zur Bestimmung der einzelnen Positionierzeiten erforderlich. Dazu wird zunächst eine Abschätzung des erforderlichen Planungsaufwands durchgeführt. Es zeigt sich, daß aufgrund der großen Zahl zu ermittelnder Positionierzeiten eine möglichst starke Reduktion des Planungsaufwands zwingend notwendig ist (siehe Bild 6.9).

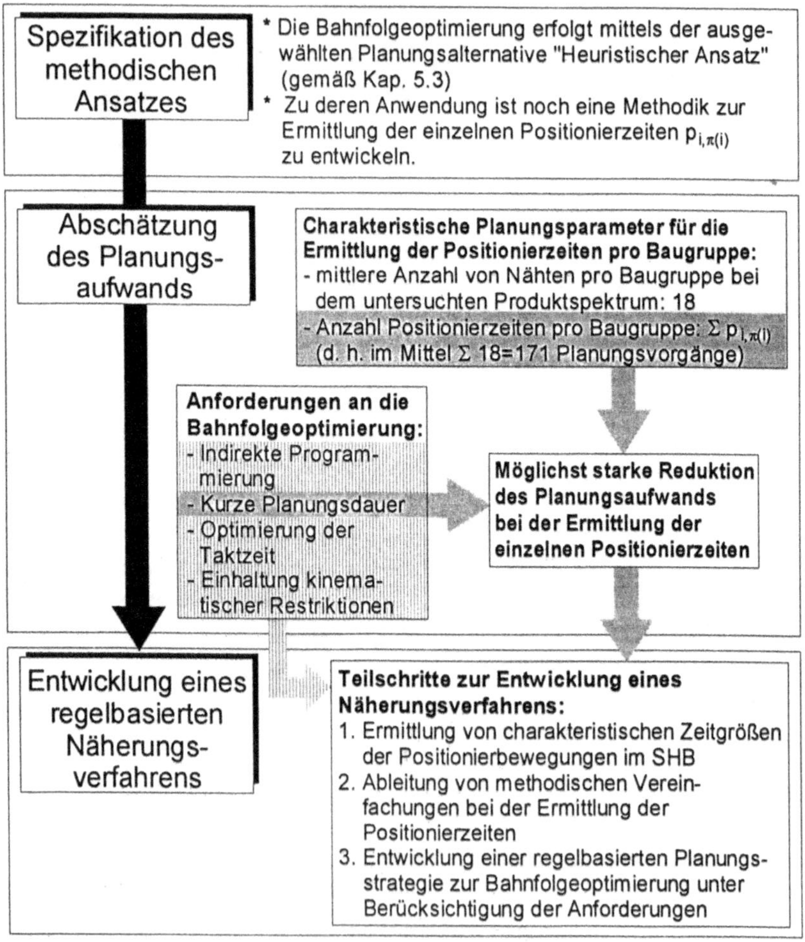

Bild 6.9: Abschätzung des Planungsaufwands zur Bahnfolgeoptimierung

Zur Reduktion des Planungsaufwands wird im folgenden ein regelbasiertes Näherungsverfahren entwickelt, das die spezifischen Eigenschaften des vorliegenden Produktspektrums ausnutzt. Dazu werden zunächst die in Bild 6.10 dargestellten charakteristischen Zeitgrößen von Positionierbewegungen für Baugruppen aus dem Stahlhochbau ermittelt, aus denen die entsprechenden Vereinfachungen für die Bestimmung der Positionierzeiten abgeleitet werden.

Bild 6.10: Ableitung von Vereinfachungen aus charakteristischen Zeitgrößen

Der Planungsaufwand zur exakten Ermittlung der Positionierzeiten ist außerordentlich hoch und aufgrund der großen Anzahl von möglichen Positionierbahnen pro Baugruppe für die vorliegende Planungsaufgabe nicht praktikabel (siehe dazu auch /81/, /84/). Aus diesem Grund wird im folgenden eine Näherungslösung erarbeitet, die einerseits eine starke Reduktion des Planungsaufwands erlaubt, aber andererseits aufgrund der Nichtlinearität des Planungsproblems auch zu suboptimalen Lösungen führen kann (siehe Bild 6.11).

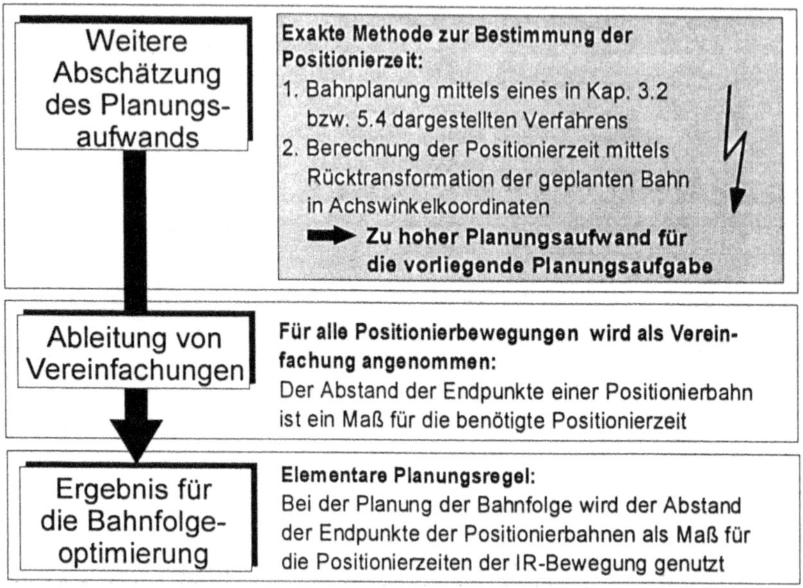

Bild 6.11: Ableitung von Vereinfachungen bei der Ermittlung der Positionierzeiten

Aus den oben abgeleiteten Planungsregeln zur Reduktion des Planungsaufwands kann nun auf der Grundlage der ausgewählten Planungsalternative "heuristischer Ansatz" die für das vorliegende Planungsproblem geeignete Strategie zur Bahnfolgeplanung erarbeitet werden (siehe Bild 6.12).

6.3.2 Erweiterung des informationstechnischen Datenmodells

Analog zur Erweiterung des informationstechnischen Datenmodells bei der Schweißfolgeplanung wird auch für die Bahnfolgeoptimierung eine entsprechende Erweiterung vorgenommen. Die Ergebnisse der Bahnfolgeplanung werden in den Klassen "Schweißraupe" mittels der Attribute "Bahnfolgegruppe" und "Bahnfolge" abgebildet. Damit werden auch gleichzeitig die Bahnfolgen der Klassen "Schweißnaht" und "Schweißlage" als übergeordnete Klassen mit berücksichtigt (siehe Bild 6.13).

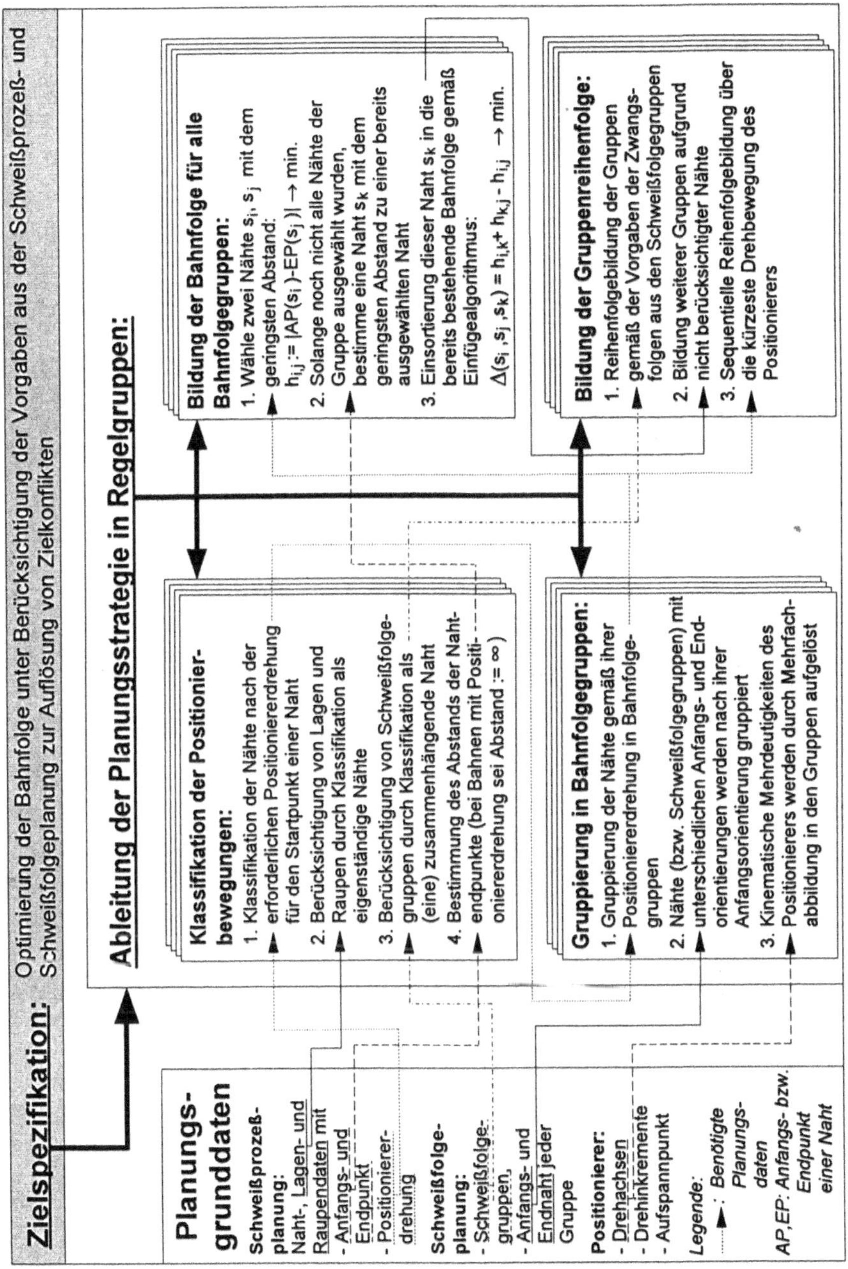

Bild 6.12: Entwicklung der Planungsstrategie zur Bahnfolgeplanung

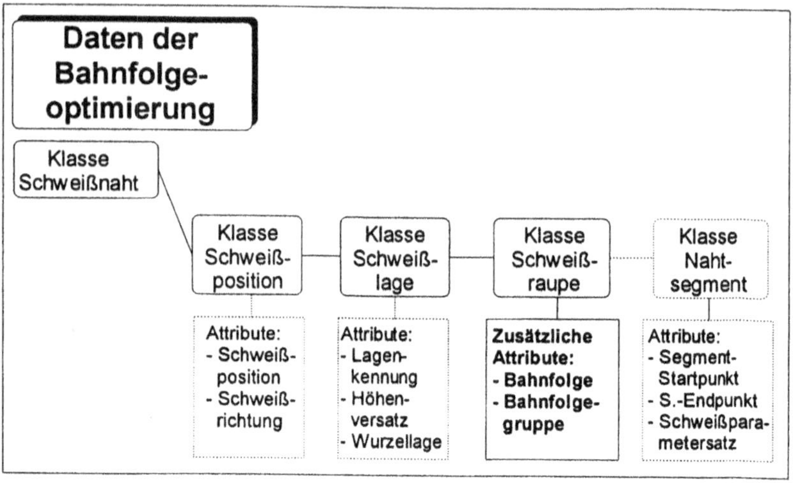

Bild 6.13: Erweiterung des informationstechnischen Datenmodells

Das Attribut "Bahnfolge" beschreibt für eine Gruppe von Raupen (bzw. Nähten oder Lagen) die Reihenfolge, in der diese in direkter Folge vom Industrieroboter angefahren werden, ohne daß eine Umorientierung der Baugruppe erfolgt. Durch das Attribut "Bahnfolgegruppe" wird sowohl die Umorientierung des Positionierers initiiert, als auch die Reihenfolge, in der die Gruppen von Raupen angefahren werden, festgelegt.

6.4 Entwicklung einer Methode zur wissensbasierten Trajektorienplanung

Im Gegensatz zu den bisher verfügbaren, numerischen Verfahren zur Trajektorienplanung (siehe Kap. 3.2) wird im folgenden eine Methode entwickelt, die aus den Eigenschaften des Produktspektrums im Stahlhochbau spezifische Planungsregeln ableitet, um so eine stark vereinfachte und kürzere Planung der Einzeltrajektorien zu ermöglichen.

Diese Planungsregeln lassen sich aus konzeptionellen Gründen nur auf die in Kap. 3.1 abgegrenzten Baugruppen des Stahlhochbaus anwenden und sind ohne Anpassung auf ein anderes Anwendungsgebiet nicht direkt übertragbar.

Gemäß der Aufteilung aus Kap. 3.2.2 wird die Entwicklung der Methode getrennt für die Bereiche der Schweiß- bzw. Positioniertrajektorien durchgeführt.

Da sich aus der Planung der Schweißtrajektorien weitere Vorgaben für die Planung der Positioniertrajektorien ergeben, ist dieser Bereich zuerst zu planen.

6.4.1 Planung der Schweißtrajektorien

Die Planung der Schweißtrajektorien unterscheidet sich grundsätzlich von der Planung der Positioniertrajektorien, da hier der Verlauf der Trajektorie durch die Geometrie der Schweißnaht bereits in der Konstruktionsphase vollständig vorgegeben wird. Durch die Planungsergebnisse der Schweißprozeßplanung - insbesondere die Planung der Brennerposition und -orientierung sowie der Schweißgeschwindigkeit - werden weitere Vorgaben für die Roboterbewegung entlang der Schweißnaht festgelegt.

Für die Planung der Schweißtrajektorien verbleiben noch folgende Planungsparameter:

- der dritte Orientierungswinkel des Brenners[1],
- die Auflösung der Mehrdeutigkeiten der Roboterkinematik,
- die Position der Industrieroboter-Basis auf den externen Achsen.

Aufgrund der Abmessungen der Baugruppen des zugrunde gelegten Produktspektrums sind externe Achsen erforderlich, um alle Nähte sicher erreichen zu können (siehe Kap. 2.1). Allerdings entsteht dadurch eine zusätzliche kinematische Überbestimmtheit, die in der Trajektorienplanung durch die Festlegung der Position der Industrieroboter-Basis auf diesen Achsen aufgelöst werden kann.

Zur Planung der verbleibenden Parameter werden den jeweiligen Anforderungen an die Trajektorienplanung Eigenschaften des Produktspektrums und des hier vorliegenden MAG-Schweißverfahrens zugeordnet, aus denen dann Ansätze zur Planungsvereinfachung bzw. -standardisierung abgeleitet werden (siehe Bild 6.13).

---

[1] Da der dritte Orientierungswinkel aufgrund der Rotationssymmetrie des Brenners keinen Einfluß auf das Schweißergebnis hat, wird er nicht in der Schweißprozeß-, sondern erst in der Trajektorienplanung festgelegt.

Anforderung	Eigenschaften des Produktspektrums	Ansätze zur Planungsvereinfachung
Einhaltung der max. Achsgeschwindigkeit	• stark begrenzte Bahngeschwindigkeit aufgrund vorliegender Nahtstärke und MAG-Verfahren ($v_{S\ max.} \approx 0{,}5$ m/min.) • an den Nahtenden sind bei vorhandenen Grenzflächen Umorientierungen des Brenners zur Kollisionsvermeidung notwendig	☞ translatorische Bewegungen des Brenners werden nicht mehr überprüft, sondern nur rotatorische (d. h Umorientierungen des Brenners) ☞ durch Auswahl vordefinierter IR-Basis-Positionen für die jeweiligen Nahttypen wird das Durchfahren singulärer Punkte vermieden
Kollisionsfreiheit	• vollständige Beschreibung der Fugengeometrie (incl. Störkonturen) als ebene Bleche oder Profile • geheftete Baugruppen ohne Spannvorrichtungen	☞ Planung des 3. OW auf Kollisionsfreiheit in der Fuge durch Klassifikation von Störkonturen ☞ vereinfachte Überprüfung der Kollisionsfreiheit (im Fugenbereich)
Erreichbarkeit, Kinematische Mehrdeutigkeiten	• definierte, begrenzte Anzahl von Nahttypen • da BG-Abmessungen größer als IR-Arbeitsraum sind externe IR-Achsen verfügbar zur Planungsvereinfachung	☞ für jeden Nahttyp: Planung einer vordefinierten IR-Basis-Position und Achskonfiguration relativ zur Naht in Abhängigkeit von der absoluten Fugenorientierung
Optimierung der Taktzeit	• Vorgabe der Schweißgeschwindigkeit durch Schweißprozeßplanung	keine Optimierung der Taktzeit für Schweißtrajektorien möglich

Bild 6.13: Ableitung von Ansätzen zur Planungsvereinfachung aus den Eigenschaften des Produktspektrums

Aus den Ansätzen zur Planungsvereinfachung wird weiterhin eine Planungsstrategie mit entsprechenden Regeln abgeleitet, die zu Regelgruppen zusammengefaßt werden (siehe Bild 6.14).

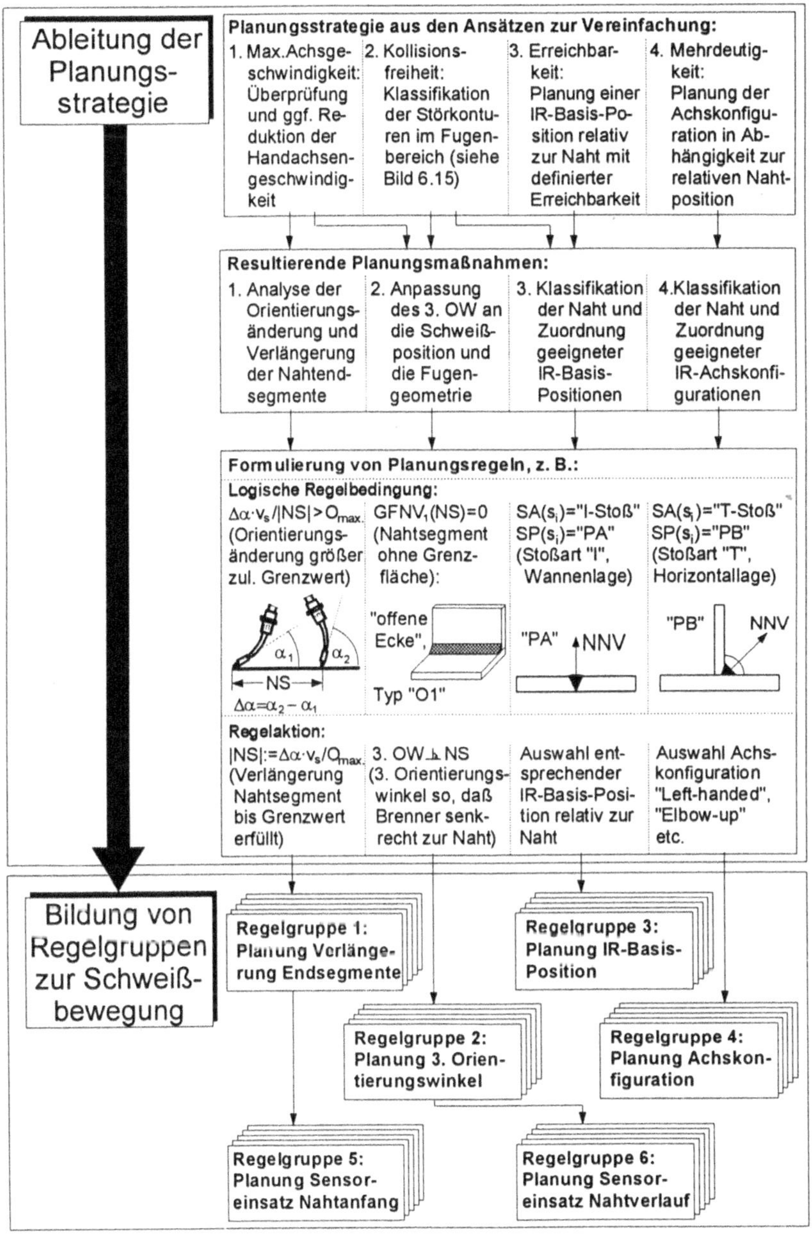

Bild 6.14: Ableitung einer Planungsstrategie und Abbildung von Planungsregeln in Gruppen

Zur Erläuterung der Planungsstrategie zur kollisionsfreien Schweißbewegung ist in Bild 6.15 die konzipierte Klassifikation von Störkonturen im Fugenbereich dargestellt, auf deren Grundlage über entsprechende Planungsregeln der 3. Orientierungswinkel sowie die geeignete Achskonfiguration ausgewählt werden. Um weiter entfernte oder kleinere Störkonturen, die für die Kollisionsuntersuchung nicht relevant sind, von der Klassifikation auszuschließen, werden entsprechende obere bzw. untere Schranken bei der Bestimmung des Fugenhüllkörpers eingeführt.

Kenngrößen zur Abgrenzung des Fugenhüllkörpers

- Ebenengleichungen des Hüllkörpers: (beispielhaft für Seitenfläche bei x_{max}) $\quad E_{x_{max}}: \vec{x}\begin{pmatrix}1\\0\\0\end{pmatrix} + x_{max} = 0$
- Ebenengleichungen des Fugenhüllkörpers:
  - Fugenseitenflächen: $\quad E_{OFV_i}: \vec{x}[OFV_i \times (AP-EP)] + AP = 0$
  - Fugengrenzflächen: $\quad E_{GFNV_i}: \vec{x}(GFNV_i) + AP = 0$
- Ebenengleichung zur Klassifikation: (Fall I und II) $\quad E_{SNV}: \vec{x}[SNV \times (AP-EP)] + AP = 0$

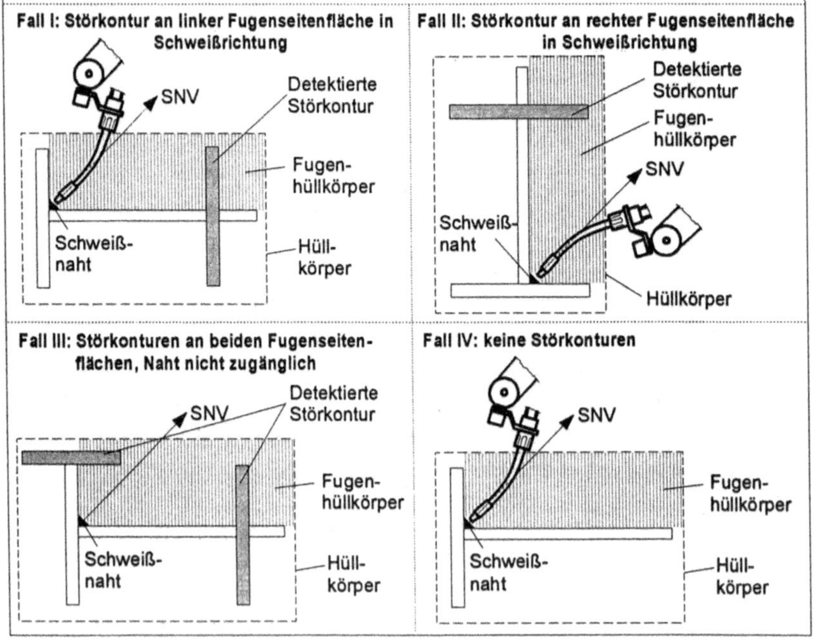

Bild 6.15: Klassifikation von Störkonturen im Fugenhüllkörper zur Planung des 3. Orientierungswinkels und der Achskonfiguration

Bei der Ableitung der Planungsstategie ist ferner zu beachten, daß die Planung der Schweißtrajektorien auch die Bahnkorrektur mit Hilfe von Sensoren umfassen muß. Dies ist erforderlich sowohl zur Kompensation der großen Toleranzen der Schweißfugen als auch der möglichen Abweichungen zwischen den Planungs- und den tatsächlichen Produktionsdaten (z. B. Abweichungen in der Baugruppenaufspannung).

Zur Korrektur der Nahttrajektorie werden dazu zusätzliche Regelblöcke sowohl zur Suche des Nahtanfangs (mit dem Gasdüsensensor) als auch des Nahtverlaufs (mit dem Lichtbogen-Pendelsensor) eingeführt. Zur Verdeutlichung der internen Struktur der Regelblöcke sind in Bild 6.16 exemplarische Regeln dargestellt.

Regelgruppe:	**Exemplarische Regel:**	
Sensoreinsatz Nahtanfang	Bedingung:	$(GFNV \neq 0) \wedge (GFNV \parallel SNV)$
		Wenn Naht mit Grenzfläche senkrecht zur Naht,
	Aktion:	dann Planung 3-Punkt-Suche mit Suchabstand := max. Toleranzwert (typisch 50 mm)
Sensoreinsatz Nahtverlauf	Bedingung:	$(SA(s_i) = \text{"T-Stoß"}) \wedge (a > 3mm)$
		Wenn Stoßart = T-Stoß und Nahtstärke a größer 3 mm,
	Aktion:	dann Planung Pendelbewegung und Einsatz Lichtbogensensor

Bild 6.16: Exemplarische Regeln zur Planung der Schweißtrajektorien

6.4.2 Planung der Positioniertrajektorien

Im Gegensatz zur Planung der Schweißtrajektorien sind bei der Positioniertrajektorien keine direkten Vorgaben der Planungsparameter aus anderen Wissensmodulen gegeben (abgesehen von der Vorgabe der Bahnfolgen sowie der Position und Orientierung am Anfang und Ende jeder Positioniertrajektorie). Zur Planung der Positioniertrajektorien wird im folgenden das Ziel verfolgt, eine problembezogene Strategie für das Produktspektrum des Stahlhochbaus zu entwickeln, die die Freiheitsgrade der Roboterkinematik unter Berücksichtigung der Anforderungen möglichst einfach festlegen läßt (siehe Bild 6.17).

Anforderung	Eigenschaften des Produktspektrums bzw. des IR-Systems	Ansätze zur Planungsvereinfachung bei der Fugenbewegung	Ansätze zur Planungsvereinfachung bei der Hüllkörperbewegung	Ansätze zur Planungsvereinfachung bei der BG-Umorientierung
Einhaltung der max. Achsgeschwindigkeit	• Definierte, begrenzte Anzahl von Nahttypen • Öffnungswinkel der Fuge bzw. Grenzflächenwinkel bekannt	☞ Planung einer Bewegung mit konstanter Orientierung ☞ Vermeidung singulärer Punkte durch Auswahl geeigneter IR-Basis-Positionen	☞ Planung von PTP-Bewegungen	☞ Planung von PTP-Bewegungen
Kollisionsfreiheit	• Störkonturen innerhalb der Fuge werden über Grenzflächen beschrieben • Keine Kollisionen außerhalb BG-Hüllkörper (geheftete Baugruppen, keine Spannvorrichtungen)	☞ Planung einer Bewegung mit maximalem Abstand zu den Fugenbegrenzungsflächen ☞ Vereinfachte Überprüfung der Kollisionsfreiheit im Fugenhüllkörper	☞ Klassifikation der TCP-Bewegungen entlang der Hüllkörper-Oberfläche (siehe Bild 6.18) ☞ Erweiterung des Hüllkörpers um einen Sicherheitsabstand	☞ Planung einer IR-Position außerhalb des Drehbereichs des Positionierers
Erreichbarkeit, Kinematische Mehrdeutigkeiten	• Definierte, begrenzte Anzahl von Nahttypen • Nutzung der externen IR-Achsen zur Planungsvereinfachung	☞ Für jeden Nahttyp: Planung einer vordefinierten IR-Basis-Position und Achskonfiguration relativ zur TCP-Position	☞ Auswahl vordefinierter IR-Basis-Positionen und Achskonfigurationen relativ zur TCP-Position	☞ Auswahl einer vordefinierten IR-Position mit vordefinierter Achskonfiguration (für alle Baugruppen gleich)
Optimierung der Taktzeit	• Bei PTP-Bewegung kann durch Planung des kürzesten Weges eine Suboptimierung realisiert werden	☞ Planung einer geeigneten Translationsgeschwindigkeit	☞ Suboptimierung durch Planung der TCP-Bewegung entlang der Hüllkörper-Oberfläche	☞ keine weitere Optimierung möglich

Bild 6.17: Ableitung von Ansätzen zur Planungsvereinfachung für die Positionierbewegung und Abbildung in Elementen der Planungsstrategie

Zur Entwicklung der Planungsstrategie wird zunächst die Positionierbewegung in einzelne Bewegungsphasen unterteilt. Es lassen sich die Bewegungen von und zur Fuge ("Fugenbewegung"), Bewegungen außerhalb des Baugruppen-Hüllkörpers ("Hüllkörper-Bewegung") und Umorientierungen der Baugruppe durch den Positionierer ("BG-Umorientierung") unterteilen.

Für diese Bewegungsphasen werden aus den Eigenschaften des Produktspektrums und des dazugehörigen Industrieroboter-Systems Ansätze zur Planungsvereinfachung abgeleitet (siehe Bild 6.17). Besonders hervorzuheben sind von diesen Ansätzen die Planung einer kollisionsfreien Bewegung innerhalb der Fuge mit maximalem Abstand zu den Fugenbegrenzungsflächen sowie die Planung einer kollisionsfreien Bewegung außerhalb des Baugruppen-Hüllkörpers entlang der Hüllkörper-Oberflächen einschließlich der Auswahl von dazu geeigneten IR-Basis-Positionen.

Aus den Ansätzen zur Planungsvereinfachung wird anschließend die Planungsstrategie für die einzelnen Bewegungsphasen abgeleitet, auf deren Grundlage entsprechende Planungsregeln formuliert werden (siehe Bild 6.18). Innerhalb der Schweißfuge ist dabei noch insbesondere die Planung eines Vorhaltepunktes zur kollisionsfreien Annäherung an die Naht sowie zur Planung eines Sensor-Suchlaufs mit dem Gasdüsensensor zu berücksichtigen. Als Voraussetzung der Planung der Hüllkörper-Bewegung ist vorab noch der entsprechende Minimalweg durch eine Abwicklung der Hüllkörper-Oberflächen zu bestimmen. Zur Planung der Umorientierung der Baugruppe werden entsprechend vordefinierte Stützpunkte im Arbeitsraum des Industrieroboters eingesetzt.

Anschließend werden die Planungsregeln für die Positioniertrajektorien analog zu den Regeln der Schweißtrajektorien in unabhängigen Regelgruppen abgebildet.

6.4.3 Erweiterung des informationstechnischen Datenmodells

Zur konsistenten Abbildung der Ergebnisse der Planung der Schweiß- und Positioniertrajektorien wird das informationstechnsiche Datenmodell um zwei Klassen erweitert. Die Planungsdaten der Schweißtrajektorien werden spezifisch für jedes Nahtsegment in der Klasse "Nahtpunkt" abgebildet, die der Positioniertrajektorien in der nahtspezifischen Klasse "Verfahrpunkt". Die Klasse "Verfahrpunkt" ist dabei aus Konsistenzgründen an die Klasse "Schweißraupe" geknüpft (siehe Bild 6.19).

Grundlegende Planungsstrategie aus den Ansätzen zur Vereinfachung:

1. Fugenbewegung:
Planung der Bewegung in Abhängigkeit von den Fugenbegrenzungsflächen und Störkonturen in der Fuge

2. Hüllkörperbewegung:
Planung TCP-Bewegung entlang der Hüllkörper-Oberflächen

3. Umorientierung Baugruppe:
- Planung Bewegung in Sicherheitsposition außerhalb des Drehbereichs des Positionierers

Resultierende Planungsmaßnahmen:

1. Fugenbewegung:
- Bestimmung Raumwinkelhalbierende (RWH) und Vorhaltepunkt (VP) am Hüllkörper

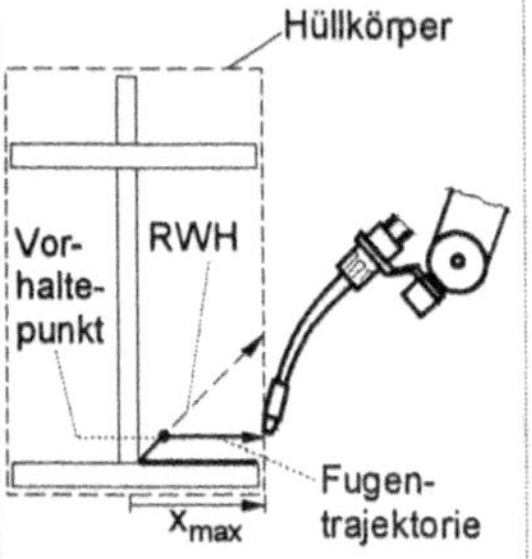

- Planung der Fugenbewegung gemäß Klassifikation der Störkonturen
- Auswahl vordefinierter IR-Basis-Positionen
- Beibehaltung der Achskonfiguration vom Nahtendpunkt

2. Hüllkörperbewegung:
- Bestimmung des Minimalwegs auf der Hüllkörper-Oberfläche (suboptimale Lösung)

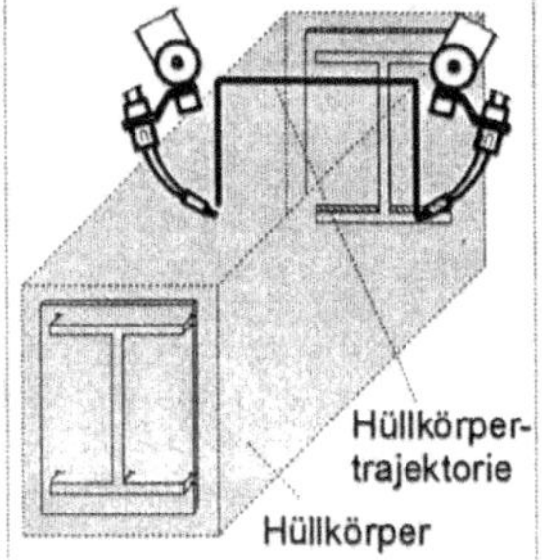

- Klassifikation des Minimalwegs nach Hüllkörper-Oberflächen
- Zuordnung vordefinierter IR-Basis-Positionen und Achskonfigurationen

3. Umorientierung Baugruppe:
- Auswahl von vordefinierten Stützpunkten von der Hüllkörper-Oberfläche bis zur Sicherheitsposition

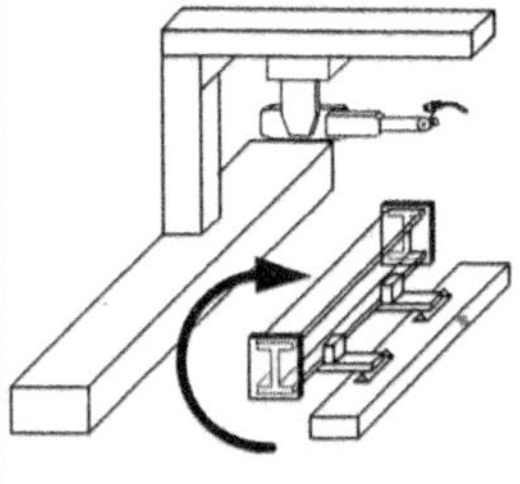

- Beibehaltung der IR-Basis-Position
- Auswahl der Achskonfiguration in Abhängigkeit von den Stützpunkten zur Sicherheitsposition

Formulierung von Planungsregeln, z. B.:

Logische Regelbedingung:

Existenz_Störkontur = "wahr", Position_Störkontur = "linker Fugenbereich" (siehe Skizze oben)	$HKT_{AP} \cdot (1,0,0) + x_{max} = 0$ $HKT_{EP} \cdot (-1,0,0) + x_{min} = 0$ (Anfangs- und Endpunkt der Hüllkörper-Trajektorie liegen auf entgegengesetzten Seitenflächen)	$BF(s_i) = BF(s_j) + 1$ $BGO(s_i) \neq BGO(s_j)$ (Naht i und j werden in direkter Folge (BF) geschweißt, haben aber unterschiedliche Baugruppenorientierung (BGO))
Regelaktion: Bestimmung der Stützpunkte der Fugentrajektorie gemäß: $FT_1 := VP$ (Vorhaltepunkt) $FT_2 := VP + \lambda(OFV_{re} + GFNV)$ $FT_2 \cdot (1,0,0) + x_{max} = 0$	Bestimmung Stützpunkte der Hüllkörpertrajektorie gemäß: $HKT_1 = (x_{max}, y_1, z_{max})$ mit $y_1 = y_{AP} + \frac{(z_{max} - z_{AP})(y_{AP} - y_{EP})}{x_{max} - x_{min} + 2z_{max} - z_{AP} - z_{EP}}$	Bestimmung Stützpunkte der Trajektorie zur Sicherheitsposition gemäß: $STP_1 \cdot (0,0,1) + z_{max} = 0$ $STP_2 :=$ Sicherheitsposition

Bild 6.18: Ableitung der Planungsstrategie für die Positioniertrajektorien

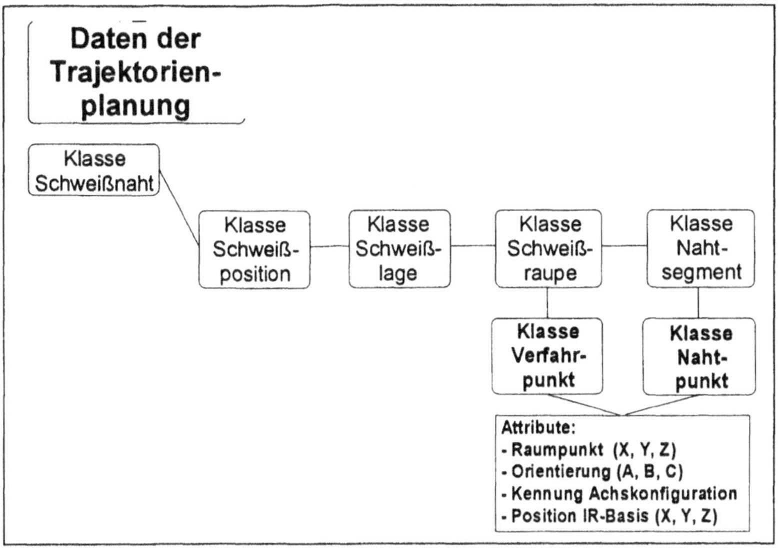

Bild 6.19: Erweiterung des informationstechnischen Datenmodells

Um die Positioniertrajektorien am Anfang des Bearbeitungszyklus einer Baugruppe ebenfalls konsistent abbilden zu können, wird noch zusätzlich ein deklaratives Datenobjekt "Naht_0" der Klasse "Schweißnaht" eingeführt, das die Bewegungen des Industrieroboters aus der Referenzstellung des Industrieroboters bis zum Nahtanfang der zuerst zu schweißenden Naht beschreibt.

7 Realisierung und Erprobung des Gesamtsystems

7.1 Implementierung des wissensbasierten Programmierverfahrens

7.1.1 Vorgehensweise und eingesetzte Ressourcen

Zur praktischen Erprobung wurde das konzipierte wissensbasierte Programmierverfahren realisiert und in einer Software-Umgebung implementiert. Dies umfaßte insbesondere die Implementierung des konzeptionellen Wissensmodells, der einzelnen Wissensdomänen und des objektorientierten Datenmodells.

Ein wesentliches Kriterium für die Leistungsfähigkeit stellt dabei die Form der Implementierung dar, die bei einem wissensbasierten Verfahren entweder über eine dedizierte Programmiersprache (z. B. Prolog) oder über ein Entwicklungswerkzeug, genannt Expertensystem-Shell, erfolgen kann. Um sowohl den Implementierungsaufwand zu reduzieren wie auch die Wissenspflege und Erweiterung des Systems möglichst einfach zu gestalten, wurde für das vorliegende Verfahren die Implementierung mittels eines entsprechenden Entwicklungswerkzeugs gewählt.

Eine Untersuchung geeigneter marktverfügbarer Entwicklungswerkzeuge zeigte erhebliche Unterschiede in der Funktionalität und der Ablaufgeschwindigkeit von Testimplementierungen. Aus diesem Grund wurde zunächst eine Bewertung der Entwicklungswerkzeuge nach Kriterien vorgenommen, die sich aus den Anforderungen an das Verfahren und der Struktur des konzeptionellen Wissensmodells ergaben:

- hybride Wissensrepräsentation mit Produktionsregeln und Frames,
- offenes System mit Bereitstellung von genormten Schnittstellen und Quasi-Standards (z. B. Unix, Dos, X-Windows, SQL),
- Hardware-Unabhängigkeit und leichte Portierbarkeit auf andere Hardware-Plattformen,
- Unterstützung bei der Entwicklung von Schnittstellen zu anderen CAD-Systemen und Robotersteuerungen (z. B. durch Programmierschnittstellen),
- hohe Ablaufgeschwindigkeit während des Inferenzprozesses,
- bedienerfreundliche Eingabe und Erweiterung des Planungswissens,
- geringe Investitionskosten.

Als Ergebnis der Bewertung wurde das Entwicklungswerkzeug Nexpert Object von Fa. Neuron Data ausgewählt. Es zeichnet sich im Vergleich zu anderen Werkzeugen insbesondere durch die Verfügbarkeit auf einer Vielzahl von Hardware-Plattformen und eine hohe Ablaufgeschwindigkeit aus. Für die Implementierung des Programmierverfahrens sind ferner die Möglichkeit der Wissensrepräsentation über Regeln und Frames sowie die Verfügbarkeit geeigneter Schnittstellen zur Programmierung von Algorithmen erforderlich. Die Steuerung des Inferenzprozesses und die Auflösung von Zielkonflikten erfolgt über den Aufbau entsprechend definierter Steuerungsstrukturen ("Meta-Slots").

Für die Implementierung des Verfahrens wurde als Hardware eine Workstation der Fa. Sun ausgewählt. Damit stand eine ausreichend leistungsfähige Umgebung zum Implementieren und Testen des Verfahrens zur Verfügung.

7.1.2 Systemarchitektur

Die Implementierung des wissensbasierten Programmierverfahrens führt zu der in Bild 7.1 dargestellten Architektur. Die einzelnen Wissensdomänen des Verfahrens sind als unabhängige Module implementiert, die über eine gemeinsame Bedienoberfläche gesteuert werden. Über diese Bedienoberfläche werden auch für den Inferenzprozeß notwendige, zusätzliche Benutzereingaben abgefragt und die Ergebnisse der einzelnen Planungsschritte dargestellt.

Zur Übertragung von konstruktiven Daten aus einem CAD-System wird hier sowohl der Weg einer Erweiterung einer genormten Schnittstelle im IGES-Format als auch der Entwicklung einer Direktschnittstelle verfolgt, um der Forderung nach einem möglichst offenen Programmiersystem zu entsprechen. Während für die Erweiterung der IGES-Schnittstelle ein schweißspezifisches IGES-Subset gemäß den Vorgaben des objektorientierten Datenmodells definiert und implementiert wird, erfolgt die Entwicklung einer Direktschnittstelle beispielhaft für das CAD-System BOCAD. Im einzelnen werden diese Schnittstellen so entwikkelt, daß folgende CAD-Daten übertragen werden:

- die Daten der 3D-Flächengeometrie der Schweißbaugruppe,
- die konstruktiven Daten der Schweißnähte gemäß der Struktur des objektorientierten Datenmodells,
- die Stücklistendaten der Baugruppe zur Bestimmung der Werkstoffe der jeweiligen Fügepartner einer Schweißnaht.

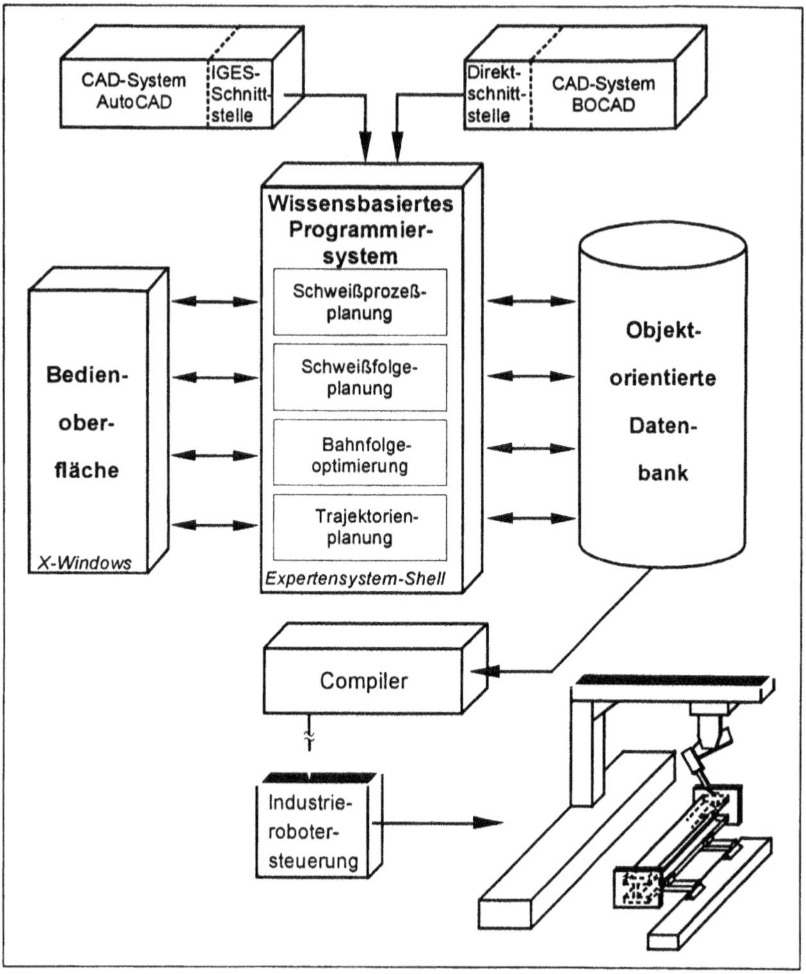

Bild 7.1: Architektur des realisierten Gesamtsystems

Die konstruktiven Daten werden im Anschluß an den Inferenzprozeß gemeinsam mit den Planungsergebnissen der einzelnen Wissensdomänen in der objektorientierten Datenbank gespeichert. Von dort werden die zur Erstellung des Roboterprogramms notwendigen Planungsdaten über einen Compiler in die jeweilige herstellerspezifische Robotersprache übersetzt und dann an das Industrierobotersystem übertragen.

7.2 Erprobung des Verfahrens anhand eines Fallbeispiels

7.2.1 Beschreibung des Industrierobotersystems

Zur praktischen Erprobung des Verfahrens wurde ein Industrierobotersystem eines Unternehmens aus der Stahlhochbau-Branche genutzt, das mit einem sechsachsigen Vertikal-Knickarmroboter vom Typ Cloos 76S in hängender Konfiguration ausgestattet ist. Die Schweißausrüstung des Industrieroboters besteht aus einer kombinierten Stromquelle des Typs GLC 603, die auch im Impulsbetrieb eingesetzt werden kann, und einem Brenner mit 45°-Krümmung zur Verbesserung der Zugänglichkeit.

Zur Vergrößerung des Arbeitsraums ist der Industrieroboter ferner mit zwei externen, voll synchronisierten Verfahrachsen von 15 m und 1 m Länge ausgestattet, die auch während des Schweißens ein in der Steuerung mit verrechnetes Verfahren dieser Achsen mit den Roboterachsen erlauben.

Zur Aufnahme der zu schweißenden Baugruppe wird ein zweiarmiger, hydraulischer Positionierer mit einer Längsdrehachse parallel zur Symmetrieachse des Grundträgers eingesetzt. Durch synchrones Schwenken der Positioniererarme kann die Baugruppe in die jeweils gewünschte Schweißposition orientiert werden. Die Konfiguration des Industrierobotersystems ist in Bild 7.2 abgebildet.

Bild 7.2: Industrierobotersystem zur praktischen Erprobung des Verfahrens

7.2.2 Beschreibung des Fallbeispiels

Für die Erprobung des Systems wurde eine repräsentative Baugruppe aus dem in Kap. 3.1.2 vorgestellten Produktspektrum ausgewählt (siehe Bild 7.3). Die Baugruppe setzt sich zusammen aus einem Grundträger des Typs IPE 330, an den jeweils eine Kopf- und Fußplatte sowie eine Querlasche anzuschweißen sind. Alle Werkstücke bestehen aus dem Werkstoff ST 52 und werden vor dem Schweißen geheftet. Insgesamt sind an dieser Baugruppe 18 Schweißnähte mit einer Nahtstärke von a = 4 mm zu schweißen.

Zur Bereitstellung der notwendigen CAD-Daten wird die Baugruppe einschließlich der Schweißnähte in dem 3D-CAD-System BOCAD modelliert. Über die in Kap. 7.1.2 beschriebene Direktschnittstelle werden die CAD-Daten anschließend dem wissensbasierten System zur Verfügung gestellt.

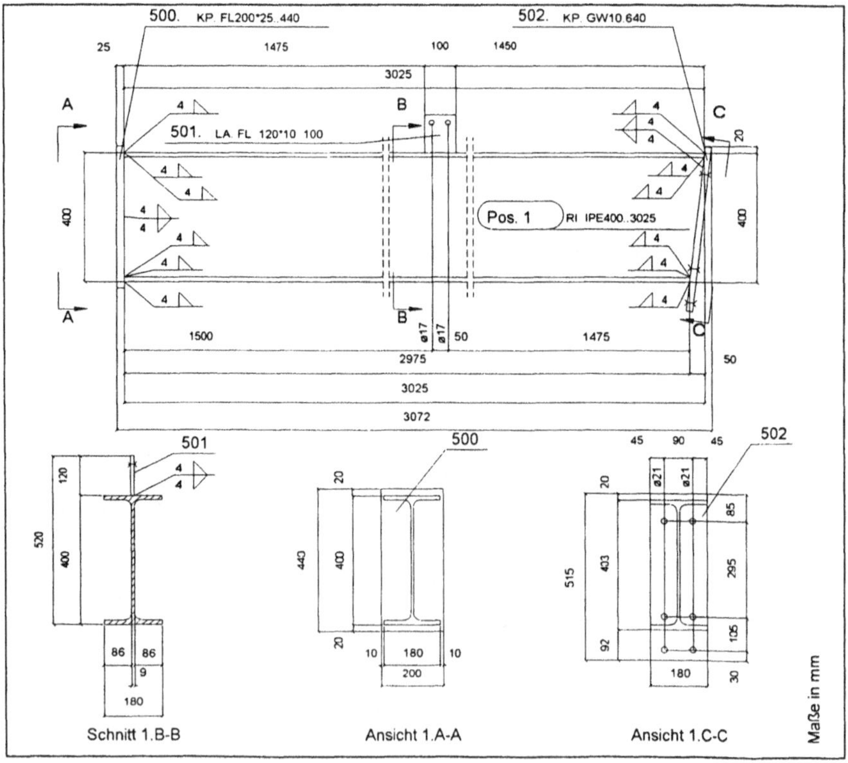

Bild 7.3: Schweißbaugruppe des Fallbeispiels

7.2.3 Ablaufbeschreibung der Programmierung des Fallbeispiels

Nach dem Starten des wissensbasierten Programmiersystems und dem Einlesen der CAD-Daten der repräsentativen Baugruppe über die entwickelte Direktschnittstelle stellt sich dem Bediener am Bildschirm die in Bild 7.4 gezeigte Oberfläche des Programmiersystems dar.

Die Bedienoberfläche ist so aufgebaut, daß dem Bediener auf der linken Seite eine Menueleiste zur Steuerung aller wesentlichen Module des Programmiersystems zur Verfügung gestellt wird. Über diese Menueleiste kann der Bediener ein gewünschtes Modul (z. B. den Inferenzprozeß einer Wissensdomäne) starten, wodurch die Systemkontrolle an das entsprechende Modul übergeben wird. Auf der rechten Seite der Bedienoberfläche ist die aktuelle Schweißbaugruppe mit den farbig unterlegten Schweißnähten in einer oder mehreren frei wählbaren Ansichten zu sehen.

Falls nach dem Starten des Systems vom Bediener weitere Eingaben benötigt werden, werden diese entweder über die Bedienoberfläche oder direkt aus einem wissensbasierten Modul über die Expertensystem-Shell angefordert. Über Fenster der Expertensystem-Shell wird der Bediener auch mit Hilfe kontextbezogener Meldungen über den Fortschritt des Planungsprozesses informiert und er kann - falls gewünscht - den Inferenzprozeß unterbrechen und sich Detailinformationen anzeigen lassen.

Zur Festlegung der aktuellen Konfiguration des Industrierobotersystems wird dem Bediener zusätzlich die Möglichkeit gegeben, eine vordefinierte Konfiguration auszuwählen oder er kann eine vollständig neue Konfiguration eingeben. Dazu werden dem Bediener vom wissensbasierten System Fragen über die Daten des Industrierobotersystems gestellt und in Instanzen der entsprechenden Klassen gespeichert.

Als erstes wissensbasiertes Modul wird das Modul "Schweißprozeßplanung" gestartet. Während des Inferenzprozesses werden aus den konstruktiven Schweißnahtdaten alle Zwischengrößen abgeleitet, die zur Klassifikation der Schweißnähte und zur Auswahl der Schweißparameter erforderlich sind. Das Ergebnis dieses Moduls umfaßt die folgenden Daten, die sich der Benutzer über ein spezielles Ausgabefenster anzeigen lassen kann:

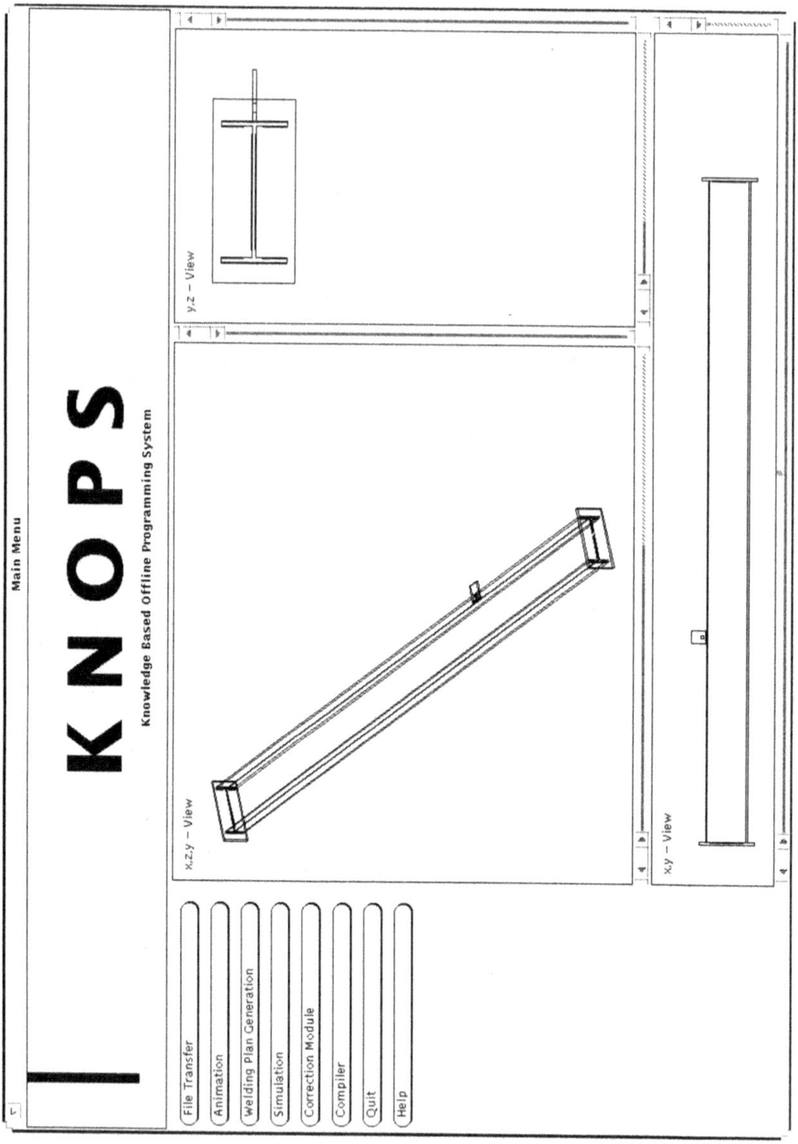

Bild 7.4: Bedienoberfläche des wissensbasierten Programmiersystems

- Abmessungen der Segmente der Schweißnähte,
- zugehörige Schweißparameter für jedes Nahtsegment,
- Planungsvorgaben für die folgenden Module, insbesondere Baugruppenorientierung und Drahtorientierung.

Im nächsten wissensbasierten Modul wird die Schweißfolgeplanung durchgeführt. Dem Bediener wird zu Beginn des Inferenzprozesses die Möglichkeit gegeben, eine spezielle Optimierungsstrategie für die Schweißfolgeplanung auszuwählen. Anschließend läuft der Inferenzprozeß des Moduls ohne weiteren Bedienereingriff ab. Das Planungsergebnis dieses Moduls umfaßt die Vorgaben zur Schweißfolge, um die Ausbildung von Schweißverzug möglichst zu vermeiden.

Die weitere Optimierung der Schweißfolge erfolgt im Modul "Bahnfolgeoptimierung". Hier wird - ohne weitere Benutzerinteraktion - über einen Algorithmus die Schweißfolge so bestimmt, daß eine Minimierung der Positionierzeit erreicht wird. Das Ergebnis des Moduls umfaßt die vollständige Schweißfolge der Baugruppe.

Im Verlauf des Inferenzprozesses des Moduls "Bewegungsplanung" wird die eigentliche Roboterbewegung auf der Basis der vorher festgelegten Restriktionen geplant. Es sind keine weiteren Bedienereingaben erforderlich, allerdings kann der Systembediener den Inferenzprozeß anhalten und sich über einzelne Bewegungsfolgen informieren und sie gegebenenfalls ändern. Das Ergebnis dieses Moduls umfaßt alle zur Compilierung notwendigen Daten des Roboterprogramms.

Nachdem alle Planungsmodule ausgeführt wurden, kann der Bediener die Ergebnisse der Planung für jede Schweißnaht über ein nahtorientiertes Maskensystem abfragen und ggf. verändern. Die Planungsdaten werden dem Bediener in der in Bild 7.5 abgebildeten Form auf dem Bildschirm dargestellt. Auf der linken Bildschirmseite werden alle Schweißnähte über eine Auswahlmaske angezeigt, aus der der Bediener eine Naht auswählen kann.

Für diese Schweißnaht werden dann alle Ergebnisse der Planung in alphanumerischer Form in einem Textfenster dargestellt. Zur graphischen Visualisierung werden in den dreidimensionalen Ansichten der Baugruppe Zusatzinformationen, wie beispielsweise die Brennerorientierung am Anfang und Ende einer Schweißnaht, eingeblendet. Über einen zweistufigen Compiler wird anschließend aus den Planungsdaten das Roboterprogramm in der steuerungsspezifischen

Robotersprache erzeugt, das dann an die Steuerung des Industrierobotersystems übertragen werden kann.

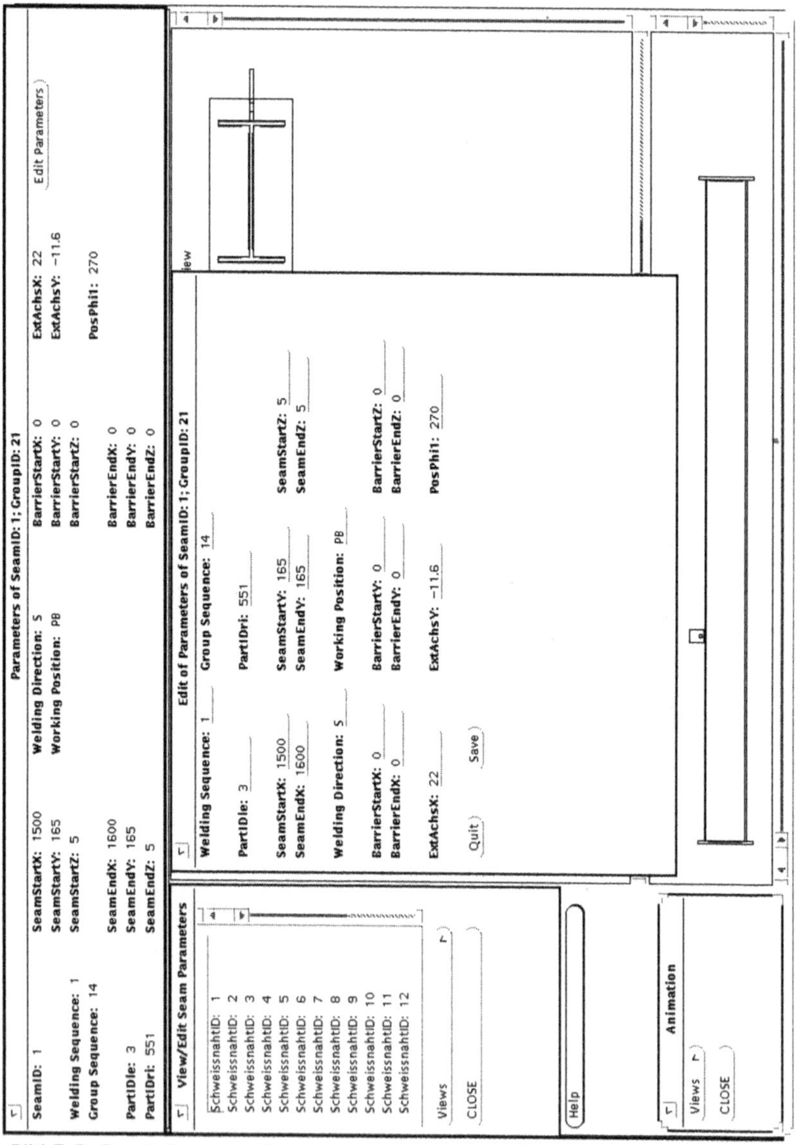

Bild 7.5: Darstellung der Planungsergebnisse über die Bedienoberfläche

7.3 Diskussion der Ergebnisse

Die Erprobung des Programmiersystems an einem Industrierobotersystem im praktischen Einsatz hat die Funktionsfähigkeit des Verfahrens nachgewiesen. Die Roboterprogramme werden automatisch, ohne weitere Benutzereingaben aus CAD-Daten mit Hilfe der wissensbasierten Planungsmodule erzeugt. Für den Bediener verbleibt nur eine Überwachungs- und Kontrollfunktion.

Die Vorteile des wissensbasierten Programmierverfahrens zeigen sich insbesondere im direkten Vergleich zu dem konventionellen Teach-In-Verfahren bzw. der Programmierung über ein graphisches Simulationssystem:

- Für die Teach-In-Programmierung der repräsentativen Baugruppe benötigt ein erfahrener Programmierer eine Zeit von mehr als 4 Stunden. Bei Einsatz des wissensbasierten Programmiersystems reduziert sich diese Zeit auf 10 Minuten, d. h. die Programmierzeit kann um bis zu 95% gesenkt werden.
- Durch die Einbeziehung der Ansteuerung von Sensoren in das Programmierverfahren kann eine entsprechend geplante on-line Korrektur von geometrischen Abweichungen der Nahtposition und des Nahtverlaufs initiiert werden. Ein manuelles Nachteachen ist aus diesem Grund nicht erforderlich.
- Da die Programmierung unabhängig vom Industrieroboter auf einem separaten Programmiersystem erfolgt, kann ohne Unterbrechung weiter produziert werden.
- Das Programm kann direkt nach Verfügbarkeit der CAD-Daten erstellt werden, ohne daß ein spezieller Prototyp der Baugruppe zur Programmierung hergestellt werden muß. Dadurch kann mit der Bearbeitung eines Fertigungsauftrags entsprechend früher begonnen werden, so daß sich die Durchlaufzeit verkürzen läßt. Eine weitere Verkürzung der Durchlaufzeit ergibt sich durch die Optimierung der Taktzeit im Rahmen der wissensbasierten Bahnplanung.
- Zur Programmierung ist kein Schweiß- oder Robotertechnik-Experte erforderlich, da das Programmiersystem vollkommen selbständig abläuft und nach kurzer Einweisung bedient werden kann.
- Programmierfehler durch Unachtsamkeit oder Unerfahrenheit des Bedieners werden durch die automatische Programmerstellung vermieden. Die automatisch erstellten Programme sind sowohl syntaktisch wie semantisch korrekt.

- Aufgrund der Einsetzbarkeit auf einer breiten Hardware-Plattform und der Verwendung von Software-Standardkomponenten sind nur relativ geringe Investitionskosten erforderlich (insbesondere im Vergleich zur Programmierung mit einem graphischen Simulationssystem).

- Durch die Abbildung des Planungswissens in Form von Regeln und Objekten und die ständige Information des Bedieners über den Planungsfortschritt wird eine hohe Planungstransparenz erreicht, die insbesondere die Akzeptanz des Verfahrens von Seiten des Bedienpersonals fördert.

8 Zusammenfassung und Ausblick

Im Stahlhochbau werden Industrieroboter zum Schutzgasschweißen bisher nur vereinzelt eingesetzt. Ein wesentlicher Grund dafür liegt in den relativ kleinen Stückzahlen und der hohen Variantenvielfalt, die bei konventioneller Programmierung zu unwirtschaftlich langer Produktionsunterbrechung des Industrieroboters führt.

Vor diesem Hintergrund war es die Zielsetzung dieser Arbeit, ein Verfahren zur wissensbasierten Programmierung für Industrieroboter zum Schutzgasschweißen zu entwickeln, das spezifisch auf die Eigenschaften eines definierten Produktspektrums - hier des Stahlhochbaus - abgestimmt ist und dafür den Weg zu einer weitgehend automatischen Programmierung aufzeigt. Mit diesem Verfahren sollte sowohl der schweiß- wie auch der robotertechnische Planungsprozeß durch geeignete, zu entwickelnde wissensbasierte Methoden unterstützt werden, um so die Integrität des Planungsprozesses sicherzustellen und den Produktionsausfall auf ein Minimum zu reduzieren.

Ausgangsbasis der Arbeit waren eine Untersuchung der bisher entwickelten Programmierverfahren und der Stand der Wissenschaft bei der Anwendung wissensbasierter Verfahren im Stahlhochbau, der Schweiß- und der Robotertechnik. Darauf aufbauend wurden eine umfassende Analyse eines repräsentativen Produktspektrums aus dem Stahlhochbau und eine Einordnung des Planungs- und Programmierprozesses durchgeführt. Aus dieser Analysephase wurden dann die Anforderungen, die von Seiten des Stahlhochbaus an ein wissensbasiertes Programmierverfahren zu stellen sind, abgeleitet.

Die Konzeption des wissensbasierten Programmierverfahrens umfaßte zunächst eine formale Strukturierung des Planungsprozesses und die Bewertung und Auswahl geeigneter Lösungsalternativen zur Wissensrepräsentation. Anschließend erfolgte die Entwicklung eines konzeptionellen Wissensmodelles in voneinander unabhängigen Wissensdomänen und die Konzeption eines objektorientierten Datenmodells zur deklarativen Wissensrepräsentation.

Für jede Wissensdomäne wurden geeignete Planungsalternativen zur Realisierung der wissensbasierten Programmierung aufgezeigt und hinsichtlich der Erfüllung der Verfahrensanforderungen bewertet. Auf der Grundlage der bestgeeigneten Alternativen wurden Methoden entwickelt, die eine vollständige und konsistente Planung durchführen lassen.

Für die erste Wissensdomäne, die Schweißprozeßplanung, wurde eine Methode zur wissensbasierten Analyse der konstruktiven Schweißnahtdaten und ihre Einordnung in ein Klassifikationsschema zur Auswahl von Schweißparametern entwickelt. Es wurde dabei die Klassifikation nach baugruppen- und anlagenspezifischen Kriterien unterschieden.

Die Methode zur Wissensdomäne der Schweißfolgeplanung zielte auf die Ableitung und Bereitstellung von Wissenselementen, die eine Festlegung einer geeigneten Schweißfolge unter Berücksichtigung der Vermeidung von Schweißverzug ermöglicht. Dazu wurden für das IR-Schweißen im Stahlhochbau geeignete Regeln abgeleitet und nach ihrer Planungsrelevanz gewichtet. Anschließend wurde daraus eine Planungsstrategie zur Schweißfolgeplanung einschließlich der logischen Beziehungen zur Regelanwendung abgeleitet.

Für die Wissensdomäne der Bahnfolgeoptimierung wurde aufgrund der numerischen Komplexität der Planungsaufgabe eine Methode zur Reduktion des Planungsaufwands durch Ausnutzung der spezifischen Eigenschaften des Produktspektrums im Stahlhochbau entwickelt. Es wurden fallspezifische Vereinfachungen zur Abschätzung von charakteristischen Zeitgrößen festgelegt, die die Grundlage für die Ableitung einer regelorientierten Planungsstrategie bildeten. Diese Planungsstrategie wurde in einer Struktur von Regelgruppen abgebildet.

Die Methode für die Wissensdomäne der Trajektorienplanung wurde unterteilt in die Bereiche der Schweiß- und der Positioniertrajektorien. Für beide Planungsbereiche wurden aus den Eigenschaften des Produktspektrums des Stahlhochbaus Ansätze zur Planungsvereinfachung abgeleitet, die die Basis für die Entwicklung einer fallspezifischen Planungsstrategie bildeten. Die Planungsstrategie wurde anschließend in entsprechenden Planungsregeln abgebildet, die zu Regelgruppen zusammengefaßt wurden.

Das hier konzipierte Verfahren wurde in einem Prototypen mit Hilfe eines Entwicklungswerkzeugs implementiert. Die Wissensdomänen wurden als unabhängige Komponenten mit einer gemeinsamen Bedienoberfläche aufgebaut. Die Funktions- und Leistungsfähigkeit des Verfahrens wurde anhand eines repräsentativen Fallbeispieles an einem Industrierobotersystem zum Schutzgasschweißen getestet. Es konnte gezeigt werden, daß das Verfahren für die Anwendung im Stahlhochbau wesentliche Vorteile gegenüber den konventionellen Programmierverfahren aufweist, die sich insbesondere in einer stark verkürzten Programmier- bzw. Produktionsausfallzeit ausdrücken.

Aus der Konzeption des Verfahrens zur wissensbasierten Programmierung wie auch aus den Implementierungs- und Einsatzerfahrungen ergaben sich folgende Schwerpunkte für weiterführende Entwicklungen:

- ❑ Erweiterung und Übertragung der Wissensbasen auf andere Produktspektren mit Anpassung der Wissensdomänen,
- ❑ Anwendung des wissensbasierten Verfahrens auf andere automatisierte Schweißverfahren,
- ❑ Einbeziehung der entwickelten Methoden in eine integrierte Konstruktions- und Planungsumgebung im Sinne von Simultaneous Engineering,
- ❑ Integration neuerer Ansätze des Forschungsgebiets der künstlichen Intelligenz für einen weiter verfeinerten Planungsprozeß und eine vereinfachte, ggf. teilweise automatische Wissensakquisition (z. B. lernfähige Systeme).

9 Literaturverzeichnis

/1/ Priebe, W.; u. a.:
Stahlbau 2000: Wirtschaftliche und technische Langfristperspektiven.
Düsseldorf: DSTV, 1992

/2/ Petersen, C.:
Stahlbau: Grundlagen der Berechnung und baulichen Ausbildung
von Stahlbauten. 3. Aufl.
Braunschweig: Vieweg, 1993

/3/ Klein, R.:
Bis zur Verkettung: Rationelle Vorfertigung im Stahlbau.
Bestandsaufnahme und Zukunftsperspektiven.
In: Fertigungstechnik 23 (1988) Nr. 8, S. 114-127

/4/ Reich, F.:
Hallenbau aus einer Hand.
In: Industrie-Anzeiger 113 (1991) Nr. 71, S. 24-26

/5/ Warnecke, H. J.; u.a.:
Gesamtabläufe beim automatischen Fertigen und Fügen von Großteilen.
In: Wolf, G. (Hrsg.): Anlagen zum Fügen von Großteilen.
Karlsruhe: Kernforschungszentrum, 1986, S. 41-142
(KFK-PFT-Bericht 130)

/6/ Lüttmann, U.:
Weiterentwicklung von Lichtbogensensorsystemen zur Verringerung
des Programmieraufwands unter besonderer Berücksichtigung der
Toleranzen der Fugenvorbereitungen.
Aachen, Techn. Hochschule, Diss., 1990

/7/ Lahnsteiner, R.:
Schweißen von dicken Querschnitten mit dem T.I.M.E.-Process.
In: Roboter '92, DVS-Berichte Band 143, S. 43-46

/8/ Monnin, P. V.:
America lags behind Japan in automated welding.
In: Automation 38 (1991) Nr. 8, S. 26-27

/9/ Mangold, V. L.:
Robotic Arc Welding System Design.
In: Welding Journal 68 (1989) Nr. 11, S. 25-31

/10/ Dilthey, U.; Stein, L.; Georges, D.:
Erweiterung eines Off-line-Programmiersystems um ein Modul zur Schweißparametereinsteuerung.
In: Roboter '92, DVS-Berichte Band 143, S. 199-202

/11/ Gzik, H.:
Verfahrensinstrumentarium zur Werkstückauswahl und Auslegung von Industrieroboterschweißsystemen.
Berlin u.a.: Springer, 1987.
Zugl. Stuttgart, Univ., Diss., 1987

/12/ Eversheim, W.; Luszek, G.:
Stand und Entwicklungstendenzen der Programmierung von Robotern zum Lichtbogenschweißen.
In: Schweißen und Schneiden 42 (1990) Nr. 2, S. 82-85

/13/ Warnecke, H. J.; u.a.:
Programmierverfahren für Industrieroboter zum Metall-Schutzgasschweißen.
In: Schweißen und Schneiden 43 (1991) Nr. 12, S. 726-728

/14/ Aichele, G.:
Kalkulation und Wirtschaftlichkeit.
Düsseldorf: DVS-Verlag, 1985
(Fachbuchreihe Schweißtechnik, Bd. 83)

/15/ Neumann, A.:
Fertigungsplanung in der Schweißtechnik.
Düsseldorf: DVS-Verlag, 1992

/16/ DVS-Merkblatt 1610 Juni 1988:
Allgemeine Richtlinien für die Planung der schweißtechnischen Fertigung im Schienenfahrzeugbau.

/17/ Kölbl, W.:
Sensorik in der Schweißtechnik.
In: Sensor-Report 4 (1989) Nr. 2, S. 18-21

/18/ Matthes, K.-J.; Schuricht, K.; Herrich, J.:
Sensor-Einsatz beim Roboterschweißen - Für und Wider.
In: Roboter '92, DVS-Berichte Band 143, S. 57-61

/19/ DVS-Merkblatt 0922 Teil 5 Februar 1992:
Industrierobotersysteme zum Schutzgasschweißen, Positioniersysteme für Werkstücke und Industrieroboter.

/20/ Honig, G.:
Roboter und Positioniervorrichtungen - Anlagenkonzeption und optimale Abstimmung.
In: Roboter '92, DVS-Berichte Band 143, S. 51-56

/21/ Utner, W.:
Planung der Kinematik von Industrierobotersystemen zum Schutzgasschweißen im Schiffbau.
Berlin u.a.: Springer, 1992.
Zugl. Stuttgart, Univ., Diss., 1992

/22/ Luszek, G.:
Entwicklung einer Systematik zur Schweißablaufplanung als Teil der Off-line-Programmierung von Bahnschweißrobotern.
Düsseldorf: DVS-Verlag, 1991.
Zugl. Aachen, Techn. Hochschule, Diss., 1990

/23/ Schraft, R. D.; Hartfuss, C.:
Teach-In ade. Simulationssysteme für das Schutzgasschweißen mit Industrierobotern.
In: Maschinenmarkt 97 (1991) Nr. 49, S. 50-55

/24/ Dilthey, U.:
Programmieren von Industrierobotern.
In: Roboter '89, DVS-Berichte Band 118, S. 93-96

/25/ Warnecke, H. J.; Schraft, R.-D.:
Handbuch Handhabungs-, Montage- und Industrierobotertechnik.
Landsberg: Moderne Industrie, 1989 - (Loseblattausgabe)

/26/ Hammes, F.:
Ein Beitrag zur Verbesserung der Programmierung von Schweiß-robotern unter Verwendung von verfahrensangepaßten Modulen.
Aachen, Techn. Hochschule, Diss., 1988

/27/ Scherff, B.:
Programmieren mit Sprache: Einsatz von Sprachein-/ausgabe zur Roboterprogrammierung.
In: Roboter 7 (1989) Nr. 3, S. 20-24

/28/ Wagner, R.:
Optische Sensorsysteme für den Einsatz mit Handhabungssystemen unter besonderer Berücksichtigung des Lichtbogenschweißens.
Aachen, Techn. Hochschule, Diss., 1990

/29/ Gruhler, G.:
Sensorgeführte Programmierung bahngesteuerter Industrieroboter.
Berlin u.a.: Springer, 1987.
Zugl. Stuttgart, Univ., Diss., 1987

/30/ Hartfuss, C.:
Industrieroboter und Peripherie.
In: Maschinenmarkt 98 (1992) Nr. 21, S. 50-53

/31/ Drews, P.; Liebenow, D.; Fuchs, K.:
Makroprogrammierung, eine neue Programmiertechnik für Schutzgas-schweißroboter.
In: Schweißen und Schneiden 43 (1991) Nr. 2, S. 94-97

/32/ Drews, P.; Liebenow, D.; Niessen, K.:
Makrosystem für die automatisierte schweißtechnische Fertigung.
In: Roboter '89, DVS-Berichte Band 118, S. 97-101

/33/ Liebenow, D.:
Ein Beitrag zur Makroprogrammierung in der automatisierten schweißtechnischen Fertigung.
Aachen, Techn. Hochschule, Diss., 1991

/34/ Schmid, P.:
Arbeitsprogrammgenerierung zum Schutzgasschweißen mit Industrierobotersystemen im Schiffbau.
Berlin u.a.: Springer, 1995.
Zugl. Stuttgart, Univ., Diss., 1994

/35/ Osterwinter, M.:
Steuerungsorientierte Robotersimulation.
Braunschweig: Vieweg, 1992
Zugl. Aachen, RWTH, Diss., 1992

/36/ Schumacher, H.:
Einheitliche Programmierung von Automatisierungskomponenten roboterbestückter Bearbeitungs- und Montagezellen.
Berlin u.a.: Springer, 1990.
Zugl. Stuttgart, Univ., Diss., 1990

/37/ Hartfuss, C.:
Schneller mit Simulation: Schweißroboter rationell programmieren.
In: Industrieanzeiger 114 (1992) Nr. 15, S. 44-45

/38/ Angermüller, G.; Kolbenschlag, P.:
Schnelle Simulation: Erfahrungen mit der Einführung von Simulationssystemen.
In: Roboter 8 (1990) Nr. 5, S. 20-22

/39/ N.N.:
Marktübersicht: Roboter Off-line-Programmiersysteme.
In: Roboter 8 (1990) Nr. 9, S. 30 -31

/40/ Puppe, F.:
Einführung in Expertensysteme.
Berlin u.a.: Springer, 1988

/41/ Retti, J.:
Knowledge Engineering und Expertensysteme.
In: Retti, J. (Hrsg.); u.a.: Artificial Intelligence - Eine Einführung.
Stuttgart: Teubner, 1984, S. 78-79

/42/ Maciejewski, P. G.:
Künstliche Intelligenz: Die Bedeutung wissensbasierter Systeme für die Informationsverarbeitung.
Heidelberg: Decker, 1989

/43/ Kurbel, K.:
Entwicklung und Einsatz von Expertensystemen.
Berlin u.a.: Springer, 1989

/44/ Pritschow, G.; Kißling, M.:
KI-Methoden und ihre Bedeutung für die Fertigungstechnik.
In: Pritschow, G. (Hrsg.); u.a.: Künstliche Intelligenz in der Fertigungstechnik.
München: Hanser, 1989

/45/ Lusti, M.:
Wissensbasierte Systeme: Algorithmen, Datenstrukturen und Werkzeuge.
Mannheim u.a.: BI Wissenschaftsverlag, 1990

/46/ Trost, H.:
Wissensrepräsentation in der AI am Beispiel Semantischer Netze.
In: Retti, J. (Hrsg.); u.a.: Artificial Intelligence - Eine Einführung.
Stuttgart: Teubner, 1984, S. 48-55

/47/ Zadeh, L. A.:
The Role of Fuzzy Logic in the Management of Uncertainty in Expert Systems.
In: Fuzzy Sets and Systems (1983) Nr. 11, S. 199-227

/48/ Hunter, A. B.:
Developments in Artificial Intelligence Reasoning.
In: Winstanley, G. (Hrsg.): Artificial Intelligence in Engineering.
Chichester: Wiley, 1991

/49/ Friedrich, G.; Gottlob, G.; Stumptner, M.:
Wissensrepräsentation.
In: Frühwirth, T.; u.a. (Hrsg.): Expertensysteme.
Wien: Springer, 1990

/50/ Hartmann, D.; Lehner, K.:
Technische Expertensysteme: Grundlagen, Programmiersprachen, Anwendungen.
Berlin u.a.: Springer, 1990

/51/ Wloka, D.; u.a.:
Anwendungsstand Künstlicher Neuronaler Netze in der Automatisierungstechnik, Teil 5: Neuronale Netze in der Robotertechnik.
In: atp Automatisierungstechnische Praxis 35 (1993) Nr. 5, S. 296-305

/52/ Dilthey, U.; Borowka, J.; Scheller, W.:
Prozeßorientierte Schweißkopfführung mit künstlichen neuronalen Netzen - die erste lernfähige Lichtbogensensorik.
In: Roboter '92, DVS-Berichte Band 143, S. 76-80

/53/ Görz, G.:
Einführung in die künstliche Intelligenz.
Bonn u.a.: Addison-Wesley, 1993

/54/ Schult, T.:
Tafelrunde. Blackboard-Systeme entwickeln mit GBB.
In: c't Magazin für Computertechnik (1993) Nr. 11, S. 138-141

/55/ Buchmayr, B.:
Computer in der Werkstoff- und Schweißtechnik: Anwendung von mathematischen Modellen.
Düsseldorf: DVS-Verlag, 1991

/56/ Barborak, D. M.; Dickinson, D. W.; Madigan, R. B.:
PC-Based Expert Systems and their Applications to Welding.
In: Welding Journal 70 (1991) Nr. 1, S. 29-38

/57/ Cary, H. B.:
Summary of Computer Programs for Welding Engineering.
In: Welding Journal 70 (1991) Nr. 1, S. 40-45

/58/ Fehsenfeld, B.:
Guter Rat. Expertensystem hilft Fachingenieur beim Lösen von Schweißaufgaben.
In: Maschinenmarkt 99 (1993) Nr. 10, S. 42-45

/59/ Napolitano, R. J.; u.a.:
Development of Knowledge-Based Systems for Aluminium Welding
In: Welding Journal 71 (1992) Nr. 12, S. 43-47

/60/ Dorn, L.; Majumder, S.:
Expertensysteme für die Schweißtechnik - WELDEX-System zur computergestützten Optimierung der Schweißtechnologie.
In: Schweißen und Schneiden 41 (1989) Nr. 3, S. 124-127

/61/ Dilthey, U.; Habedank, G.; Park, J.-Y.:
MagXpert - A knowledge based advisonary system for MAG welding
International Institute of Welding Doc. XII-1289-92 (1992)

/62/ Ameling, W.; u.a.:
Lernfähiger Lichtbogensensor für variierende Fügestellengeometrie - Einsatz künstlicher neuronaler Netze.
In: Schweißen und Schneiden 44 (1992) Nr. 2, S. 71-74

/63/ Hauck, G.; Tillmann, W.:
Experten- und Informationssystem für die Auswahl von Schweißverfahren und -zusätzen.
In: Expert '91, DVS-Berichte Band 133, S. 61-67

/64/ Franzen, W. u. a.:
Expertensystem zur Beantwortung schweißtechnischer Fragestellungen.
In: Expert '91, DVS-Berichte Band 133, S. 191-194

/65/ Kuhne, A. H.:
Erfahrungen bei Entwicklung und Einsatz von Expertensystemen in der Schweißtechnik
In: Expert '91, DVS-Berichte Band 133, S. 34-36

/66/ Goh, K. H., Middle, J. E.:
WRAPS - Welding Robot Adaptive Off-line Programming and Expert Control Systems.
In: 2nd International Conference on Developments in Automated and Robotic Welding.
London, November 1987, S. 33-42

/67/ Rubinovitz, J.; Wysk, R. A.:
Task Level Off-line Programming System for Robotic Arc Welding - An Overview.
In: Journal of Manufacturing Systems 7 (1988) Nr. 4, S. 293-306

/68/ Sicard, P.; Levine, M. D.:
An Approach to an Expert Robot Welding System.
In: IEEE Transactions on systems, man and cybernetics 18 (1988) Nr. 2, S. 204-222

/69/ Wloka, D.:
Robotersysteme. Band 3: Wissensbasierte Simulation.
Berlin u.a.: Springer-Verlag, 1992

/70/ Kreis, W.; Bickendorf, J.:
Roboter intelligent programmieren.
In: VDI-Z 133 (1991) Nr. 12, S. 66-70

/71/ Raczkowsky, J.; Rembold, U.; Dillman, R.:
A Blackboard System for the Diagnosis of Robot Assembly Tasks.
In: Proceedings of the First International Conference on Artificial Intelligence and Expert Systems in Manufacturing.
London, März 1990, S. 149-156

/72/ Pegels, G.:
Lösung von Konstruktionsaufgaben der Schweißtechnik durch den Computer.
In: Expert '91, DVS-Berichte Band 133, S. 4-8

/73/ Schürmann, C.:
Strategien einer integrierten Wissensverarbeitung bei Entwurfsaufgaben im Stahlbau.
Bochum, Univ., Diss., 1990

/74/ Statistisches Bundesamt (Hrsg.):
Statistisches Jahrbuch 1993 für die Bundesrepublik Deutschland.
Wiesbaden: Metzler Poeschel, 1993

/75/ Norm DIN 18800 Teil 7 Mai 1983:
Stahlbauten: Herstellen, Eignungsnachweise zum Schweißen.

/76/ Kahlmeyer, E.:
Stahlbau nach DIN 18800: Bemessung und Konstruktion.
Düsseldorf: Werner, 1993

/77/ Buchenau, H.; Thiele, A.:
Stahlhochbau. Band 1 und 2.
Stuttgart: Teubner, 1986

/78/ Neumann, A.:
Schweißtechnisches Handbuch für Konstrukteure. Teil 1.
Düsseldorf: DVS-Verlag, 1985

/79/ Buczynski, J.:
Konstruktion und Programmierung rücken näher zusammen
In: Produktion 33 (1994) Nr. 16 (21.04.94), S. 5

/80/ Norm DIN EN 25817 September 1992:
Lichtbogenschweißverbindungen an Stahl, Richtlinie für die Bewertungsgruppen von Unregelmäßigkeiten.

/81/ Zhang, Y.:
Beitrag zur modellgestützten optimalen Trajektorienplanung für Industrieroboter.
München u.a.: Hanser, 1993.
Zugl. Berlin, Techn. Univ., Diss., 1993

/82/ Pfeiffer, F.; Reithmeier, E.:
Roboterdynamik.
Stuttgart: Teubner, 1987

/83/ Pieper, D.:
The Kinematics of Manipulators Under Computer Control.
Stanford, Universität, Diss., 1968

/84/ Li, W.:
Graphische Simulation und Kollisionsvermeidung von Robotern.
Braunschweig u.a.: Vieweg, 1992.
Zugl. Saarbrücken, Univ., Diss., 1991

/85/ Adolphs, P.; Nafziger, D.:
Schnelle kollisionsvermeidende Bahnplanung im Konfigurationsraum mit Entfernungsfeldern.
In: Robotersysteme 6 (1990), S. 236-244

/86/ Pritschow, G.; u.a.:
Dynamiksimulation als Komponente einer umfassenden Roboterentwicklungsumgebung.
In: VDI-Berichte Band 1094 (1993)
Düsseldorf, VDI, S 545-556

/87/ Neumann, A.; Röbenack, K.-D.:
Verformungen und Spannungen beim Schweißen.
Berlin: VEB-Verlag Technik, 1978

/88/ Jungnickel, D.:
Graphen, Netzwerke und Algorithmen.
Mannheim u.a.: Bibliographisches Institut, 1987

/89/ Nolthemeier, H.:
Graphentheorie.
Berlin: Walter de Gruyter, 1975

/90/ Volkmann, L.:
Graphen und Digraphen.
Berlin: Springer, 1991

/91/ Norm DIN 1912 Teil 5 Dezember 1987:
Zeichnerische Darstellung Schweißen, Löten: Symbole, Bemaßung

/92/ Norm DIN 8551 Teil 1 Juni 1976:
Schweißnahtvorbereitung: Fugenformen an Stahl.

IPA Forschung und Praxis

Schriftenreihe aus dem Institut für Produktionstechnik und Automatisierung, Stuttgart

Herausgeber: Prof. Dr.-Ing. H. J. Warnecke

Datenerfassung im Produktionsbereich
Von E. Bendeich. ISBN 3-7830-0117-8.
1977, 176 Seiten, kartoniert. 54,— DM

Methodenauswahl für die Materialbewirtschaftung in Maschinenbau-Betrieben
Von H. Graf. ISBN 3-7830-0136-6.
1977, 144 Seiten, kartoniert. 54,— DM

Systematische Auswahl von Förderhilfsmitteln für den innerbetrieblichen Materialfluß
Von W. Rau. ISBN 3-7830-0139-0.
1977, 103 Seiten, kartoniert. 40,— DM

Grundlagen zur Planung von Ersatzteilfertigungen
Von E. Schulz. ISBN 3-7830-0138-2.
1977, 98 Seiten, kartoniert. 40,— DM

Rechnerunterstützte Fabrikplanung
Von B. Minten. ISBN 3-7830-0116-1.
1977, 124 Seiten, kartoniert. 38,— DM

Eine Planungsmethode für automatische Montagesysteme
Von H.-G. Lohr. ISBN 3-7830-0120-X.
1977, 108 Seiten, kartoniert. 32,— DM

Planung und Bewertung von Arbeitssystemen in der Montage
Von H. Metzger. ISBN 3-7830-0131-5
1977, 108 Seiten, kartoniert 40,— DM

Klassifizierungssystem für Prüfmittel der industriellen Längenprüftechnik
Von R. Czetto. ISBN 3-7830-0144-7.
1978, 181 Seiten, kartoniert. 64,— DM

Rechnerunterstützte Montageplanung
Von O. Hirschbach. ISBN 3-7830-0149-8
1978, 146 Seiten, kartoniert 52,— DM

Rechnerunterstützte Entwicklung von Simulationsmodellen für Unternehmensplanspiele
Von A. Moker. ISBN 3-7830-0147-1
1978, 181 Seiten, kartoniert 64,— DM

Arbeitsplatzanalysen zur Ermittlung der Einsatzmöglichkeiten und Anforderungen an Industrieroboter
Von G. Herrmann. ISBN 37830-0151-X
1978, 113 Seiten, kartoniert. 40,— DM

MFSP — Ein Verfahren zur Simulation komplexer Materialflußsysteme
Von G. Stemmer. ISBN 3-7830-0118-8.
1977, 140 Seiten, kartoniert. 60,— DM

Berührungslose Erkennung durch Positionsbestimmung von Objekten durch inkohärent-optische Korrelation
Von M. Konig. ISBN 3-7830-0137-4
1977, 110 Seiten, kartoniert 40,— DM

Auslegung von Störungspuffern in kapitalintensiven Fertigungslinien
Von R. v. Stetten. ISBN 3-7830-0140-4
1977, 154 Seiten, kartoniert 56,— DM

Flexible Transportablaufsteuerung
Von G. Romer. ISBN 3-7830-0114-5
1977, 188 Seiten, kartoniert 60,— DM

Rechnergestützte Realplanung von Fabrikanlagen
Von T.-K. Sauter. ISBN 3-7830-0119-6
1977, 108 Seiten, kartoniert. 32,— DM

Systematisches Auswählen und Konzipieren von programmierbaren Handhabungsgeräten
Von R. D. Schraft. ISBN 3-7830-0115-3
1977, 108 Seiten, kartoniert. 32,— DM

Auslandsproduktion
Von W. Cypris. ISBN 3-7830-0145-5
1978, 126 Seiten, kartoniert 42,— DM

Wirtschaftlicher Einsatz von Mehrkoordinatenmeßgeräten
Von M. Dietzsch. ISBN 3-7830-0148-X
1978, 142 Seiten, kartoniert 52,— DM

Fertigungssteuerung bei flexiblen Arbeitsstrukturen
Von K.-G. Lederer. ISBN 3-7830-0146-3
1978, 128 Seiten, kartoniert 42,— DM

Untersuchungen zum Polieren und Entgraten durch elektrochemisches Oberflächenabtragen
Von K. Zerweck. ISBN 3-7830-0150-1
1978, 110 Seiten, kartoniert 40,— DM

Stufenweise Ableitung eines praktischen Planungssystems für den Entwicklungsbereich
Von R. Hichert. ISBN 3-7830-0149-8
1978, 151 Seiten, kartoniert 52,– DM

Produktionsplanung mit Auftragsfamilien
Von U. W. Geitner. ISBN 3-7830-0161 7
1979, 110 Seiten, kartoniert 45,– DM

Thermisch-chemisches Entgraten
Von T. Wagner. ISBN 3-7830-0164-1
1979, 111 Seiten, kartoniert 45,– DM

Untersuchung der Materialflußkosten bei ausgewählten Systemen der Zentralen Arbeitsverteilung
Von R. Wenzel. ISBN 3-7830-0162-5
1979, 168 Seiten, kartoniert 86,– DM

Anpassung und Einführung eines Planungssystems für die Ablaufplanung im Konstruktionsbereich
Von W. Dangelmaier. ISBN 3-7830-0163-3
1979, 168 Seiten, kartoniert 80,– DM

Längenmessungen an bewegten Teilen mit berührungslos wirkenden Aufnehmern
Von H. Lang. ISBN 3-7830-0157-9
1979, 89 Seiten, kartoniert 42,– DM

Untersuchung multistabiler Strömungselemente und ihr Einsatz in sequentiellen Steuerungen
Von A. Ernst. ISBN 3-7830-0157-9
1979, 122 Seiten, kartoniert 48,– DM

Taktile Sensoren für programmierbare Handhabungsgeräte
Von M. Schweizer. ISBN 3-7830-0158-7
1979, 91 Seiten, kartoniert 42,– DM

Die rechnerunterstützte Prüfplanung
Von P. Blasing. ISBN 3-7830-0152-8
1979, 100 Seiten, kartoniert 44,– DM

Verfahren zur Fabrikplanung im Mensch-Rechner-Dialog am Bildschirm
Von W. Ernst. ISBN 3-7830-0156-0
1979, 218 Seiten, kartoniert 72,– DM

Rechnerunterstütztes Verfahren zur Leistungsabstimmung von Mehrmodell-Montagesystemen
Von M. Gorke. ISBN 3-7830-0155-2
1979, 139 Seiten, kartoniert 50,– DM

Standortbezogene Betriebsmittel
Von G. Pflieger. ISBN 3-7830-0167-6
1979, 127 Seiten, kartoniert 52,– DM

Die betriebswirtschaftliche Beurteilung neuer Arbeitsformen
Von B.-H. Zippe. ISBN 3-7830-0168-4
1979, 350 Seiten, kartoniert 98,– DM

Untersuchung des Arbeitsverhaltens programmierbarer Handhabungsgeräte
Von B. Brodbeck. ISBN 3-7830-0169-2
1979, 117 Seiten, kartoniert 48,– DM

Untersuchung eines kohärent-optischen Verfahrens zur Rauheitsmessung
Von N. Rau. ISBN 3-7830-0174-9
1979, 117 Seiten, kartoniert 48,– DM

Entwicklung einer programmierbaren, pneumatischen Steuerung
Von D. Klemenz. ISBN 3-7830-0171-4
1979, 93 Seiten, kartoniert 42,– DM

IPA Forschung und Praxis

Berichte aus dem Fraunhofer-Institut für Produktionstechnik und Automatisierung, Stuttgart, und dem Institut für Industrielle Fertigung und Fabrikbetrieb der Universität Stuttgart

Herausgeber: Prof. Dr.-Ing. H. J. Warnecke

---

38 **Arbeitsgangterminierung mit variabel strukturierten Arbeitsplänen — Ein Beitrag zur Fertigungssteuerung flexibler Fertigungssysteme**
Von U. Maier. ISBN 3-540-10213-2
1980, 111 Seiten mit 45 Abbildungen. 43,— DM

39 **Kapazitätsabgleich bei flexiblen Fertigungssystemen**
Von P. S. Nieß. ISBN 3-540-10372-4
1980, 151 Seiten mit 57 Abbildungen 48,— DM

40 **Schichtdickenverteilung auf galvanisierten Paßteilen am Beispiel kleiner abgesetzter Wellen und Bohrungen**
Von D. Wolfhard. ISBN 3-540-10373-2
1980, 177 Seiten mit 83 Abbildungen 48,— DM

41 **Planung von Mehrstellenarbeit unter Berücksichtigung von Umfeldaufgaben**
Von S. Haußermann. ISBN 3-540-10374-0
1980, 136 Seiten mit 59 Abbildungen 48,— DM

42 **Untersuchungen zur Schmierfilmdicke in Druckluftzylindern — Beurteilung der Abstreifwirkung und des Reibungsverhaltens von Pneumatikdichtungen mit Hilfe eines neu entwickelten Schmierfilmdicken-meßverfahrens**
Von R. Kohnlechner. ISBN 3-540-10375-9
1980, 100 Seiten mit 38 Abbildungen und 4 Tabellen 43,— DM

43 **Typologie zum überbetrieblichen Vergleich von Fertigungssteuerungsverfahren im Maschinenbau**
Von G. Rabus. ISBN 3-540-10376-7
1980, 174 Seiten mit 88 Abbildungen und 21 Tafeln 48,— DM

44 **System zur Planung des Umlaufbestandes in Betrieben mit Serienfertigung**
Von K.-G. Wilhelm. ISBN 3-540-10377-5
1980, 142 Seiten mit 67 Abbildungen und 15 Tafeln 48,— DM

45 **Rechnerunterstützte Arbeitsplanerstellung mit Kleinrechnern, dargestellt am Beispiel der Blechbearbeitung**
Von W. Hoheisel. ISBN 3-540-10505-0
1981, 169 Seiten mit 74 Abbildungen 48,— DM

46 **Beitrag zur Verbesserung der Wirtschaftlichkeit EDV-unterstützter Fertigungssteuerungssysteme durch Schwachstellenanalyse**
Von J. Lienert. ISBN 3-540-10506-9
1981, 148 Seiten mit 37 Abbildungen 48,— DM

47 **Die Abscheidung von Öl an Entlüftungsöffnungen drucklufttechnischer Anlagen**
Von W.-D. Kiessling. ISBN 3-540-10604-9
1981, 117 Seiten mit 48 Abbildungen und 3 Tabellen 43,— DM

48 **Dynamische Optimierung technisch-ökonomischer Systeme**
Von J. Warschat. ISBN 3-540-10717-7
1981, 132 Seiten mit 60 Abbildungen 43,— DM

49 **Bildsensor zur Mustererkennung und Positionsmessung bei programmierbaren Handhabungsgeräten**
Von H. Geißelmann. ISBN 3-540-10735-5
1981, 125 Seiten mit 52 Abbildungen. 43,— DM

50 **Verfügbarkeitsberechnung für komplexe Fertigungseinrichtungen**
Von Ekkehard Gericke. ISBN 3-540-10779-7
1981, 132 Seiten mit 71 Abbildungen. 43,— DM

51 **Materialflußgestaltung in Fertigungssystemen**
Von Willi Rößner. ISBN 3-540-10888-2.
1981, 149 Seiten mit 76 Abbildungen. 48,— DM

52 **Beitrag zur Analyse der Auswirkungen der Mikroelektronik, dargestellt am Beispiel der Büromaschinen-Industrie**
Von Werner Neubauer. ISBN 3-540-10991-9.
1981, 145 Seiten mit 27 Abbildungen und 47 Tabellen 43,— DM

53 **Modelle von Informationssystemen zur kurzfristigen Fertigungssteuerung und ihre Gestaltung nach betriebsspezifischen Gesichtspunkten**
Von Roland Gentner. ISBN 3-540-10992-7
1981, 181 Seiten mit 69 Abbildungen und 7 Tabellen. 48,— DM

54 **Entwicklung von Verfahren zur Terminplanung und -steuerung bei flexiblen Montagesystemen**
Von Jurgen H. Kolle. ISBN 3-540-11227-8
1981, 132 Seiten mit 64 Abbildungen und 1 Faltplan 43,— DM

55 **Arbeits- und Kapazitätsteilung in der Montage**
Von Stefan Dittmayer. ISBN 3-540-11228-6
1981, 124 Seiten und 56 Abbildungen 43,— DM

56 **Beitrag zur systematischen Planung der Qualitätsprüfung bei Klein- und Mittelserienfertigung**
Von Herbert Babic. ISBN 3-540-11325-8
1982, 108 Seiten mit 38 Abbildungen und 7 Tabellen. 53,— DM

57 **Methode zur rechnerunterstützten Einsatzplanung von programmierbaren Handhabungsgeräten**
Von Uwe Schmidt-Streier. ISBN 3-540-11355-X.
1982, 188 Seiten mit 72 Abbildungen. 53.– DM

58 **Werkstoff- und Energiekennwerte industrieller Lackieranlagen, am Beispiel der Automobilindustrie**
Von Rainer Manfred Thiel. ISBN 3-540-11356-8.
1982, 116 Seiten mit 59 Abbildungen. 53.– DM

59 **Maßnahmen zum Verbessern der pneumatischen Lackzerstäubung – Teilchengrößenbestimmung im Spritzstrahl –**
Von Klaus Werner Thomer. ISBN 3-540-11507-2.
1982, 162 Seiten mit 94 Abbildungen und 1 Tabelle. 53.– DM

60 **Ermittlung und Bewertung von Rationalisierungsmaßnahmen im Produktionsbereich**
Von Jürgen Schilde. ISBN 3-540-11730-X.
1982, 158 Seiten mit 57 Abbildungen. 53.– DM

61 **Untersuchung von Verfahren der Reihenfolgeplanung und ihre Anwendung bei Fertigungszellen**
Von Mohamed Osman. ISBN 3-540-11747-4.
1982, 124 Seiten mit 32 Abbildungen und 3 Tabellen. 53.– DM

62 **Ein Simulationsmodell zur Planung gruppentechnologischer Fertigungszellen**
Von Volker Saak. ISBN 3-540-11747-4.
1982, 134 Seiten mit 53 Abbildungen. 53.– DM

63 **Verfahren zur technischen Investitionsplanung automatisierter Fertigungsanlagen**
Von Günter Vettin. ISBN 3-540-11747-4.
1982, 134 Seiten mit 63 Abbildungen. 53.– DM

64 **Pneumatische Sensoren zur prozeßsimultanen Messung des Werkzeugverschleißes und zur Kollisionsvermeidung beim Messerkopffräsen**
Von Wolfgang Jentner. ISBN 3-540-11747-4.
1982, 126 Seiten mit 47 Abbildungen und 6 Tabellen. 53.– DM

65 **Rechnerunterstützte Gestaltung ortsgebundener Montagearbeitsplätze, dargestellt am Beispiel kleinvolumiger Produkte**
Von Eberhard Haller. ISBN 3-540-12015-7.
1982, 130 Seiten mit 43 Abbildungen. 53.– DM

66 **Fernsehüberwachung von Schutzgasschweißvorgängen mit abschmelzender Elektrode MIG – MAG**
Von Ruprecht Niepold. ISBN 3-540-12181-7.
1983, 178 Seiten mit 73 Abbildungen und 5 Tabellen. 58.– DM

67 **Entwicklung flexibler Ordnungssysteme für die Automatisierung der Werkstückhandhabung in der Klein- und Mittelserienfertigung**
Von Karl Weiss. ISBN 3-540-12455-1.
1983, 116 Seiten mit 68 Abbildungen. 58.– DM

68 **Automatisierte Überwachungsverfahren für Fertigungseinrichtungen mit speicherprogrammierten Steuerungen**
Von Werner Eißler. ISBN 3-540-12456-X.
1983, 128 Seiten mit 66 Abbildungen. 58.– DM

69 **Prozeßüberwachung beim Galvanoformen**
Von Jürgen Wilhelm Böcker. ISBN 3-540-12457-8.
1983, 118 Seiten mit 32 Abbildungen. 58.– DM

70 **LAPEX – Ein rechnerunterstütztes Verfahren zur Betriebsmittelzuordnung**
Von Stephan Mayer. ISBN 3-540-12490-X.
1983, 162 Seiten mit 34 Abbildungen und 2 Tabellen. 58.– DM

71 **Gestaltung eines integrierten Produktionssystems für die Sortenfertigung unter Einsatz der Clusteranalyse**
Von Gerald Weber ISBN 3-540-12650-3.
1983, 194 Seiten mit 54 Abbildungen. 58.– DM

72 **Gußputzen mit sensorgeführten, programmierbaren Handhabungsgeräten**
Von Eberhard Abele. ISBN 3-540-12651-1.
1983, 133 Seiten mit 66 Abbildungen. 58,– DM

73 **Untersuchungen zur Herstellung und zum Einsatz galvanogeformter Erodierelektroden**
Von Harald Müller. ISBN 3-540-12822-0.
1983, 148 Seiten mit 78 Abbildungen. 58,– DM

74 **Ein Beitrag zur Optimierung der Prozeßführungsstrategien automatisierter Förder- und Materialflußsysteme**
Von Hans Steffens. ISBN 3-540-12968-5.
1983. 161 Seiten mit 60 Abbildungen. 58,– DM

75 **Entwicklung eines Verfahrens zur wertmäßigen Bestimmung der Produktivität und Wirtschaftlichkeit von Personalentwicklungsmaßnahmen in Arbeitsstrukturen**
Von Christian Müller. ISBN 3-540-13041-1.
1983. 129 Seiten mit 34 Abbildungen. 58,– DM

76 **Berechnung der Gestaltänderung von Profilen infolge Strahlverschleiß**
Von Wolfgang Marx. ISBN 3-540-13054-3.
1983. 121 Seiten mit 58 Abbildungen. 58,– DM

77 **Algorithmen zur flexiblen Gestaltung der kurzfristigen Fertigungssteuerung**
Von Rudolf E. Scheiber. ISBN 3-540-13500-6.
1984, 150 Seiten mit 73 Abbildungen und 1 Tabelle. 63.– DM

78 **Galvanisieren mit moduliertem Strom**
Von Jurgen Wolfgang Mann. ISBN 3-540-13733-5.
1984, 145 Seiten und 58 Abbildungen. 63,– DM

79 **Fluoreszenzmeßverfahren zur Schmierfilmdickenmessung in Wälzlagern**
Von Wolfgang Schmutz. ISBN 3-540-13777-7.
1984, 141 Seiten und 66 Abbildungen. 63,– DM

IPA-IAO Forschung und Praxis

Berichte aus dem Fraunhofer-Institut für Produktionstechnik und Automatisierung (IPA), Stuttgart, Fraunhofer-Institut für Arbeitswirtschaft und Organisation (IAO), Stuttgart, und Institut für Industrielle Fertigung und Fabrikbetrieb der Universität Stuttgart

Herausgeber: Prof. Dr.-Ing. H. J. Warnecke und Prof. Dr.-Ing. H.-J. Bullinger

---

80 **Flexibilität und Kapazität von Werkstückspeichersystemen**
Von Bernhard Graf. ISBN 3-540-13970-2.
1984, 115 Seiten mit 71 Abbildungen. 63,– DM

T1 **Flexible Fertigungssysteme**
17. IPA-Arbeitstagung zusammen mit der 3. Internationalen Konferenz „Flexible Manufacturing Systems (FMS-3)", ISBN 3-540-13807-2.
1984, 249 Seiten mit zahlreichen Abbildungen. 118,– DM

T2 **Integrierte Bürosysteme**
3. IAO-Arbeitstagung. ISBN 3-540-13978-8.
1984, 633 Seiten mit zahlreichen Abbildungen. 168,– DM

81 **Rechnerunterstützte Planung von Montageablaufstrukturen für Erzeugnisse der Serienfertigung**
Von Ernst-Dieter Ammer. ISBN 3-540-15056-0.
1985, 120 Seiten mit 1 Faltblatt und 33 Abbildungen. 63,– DM

82 **Flexibilität von personalintensiven Montagesystemen bei Serienfertigung**
Von Heinrich Vähning. ISBN 3-540-15093-5.
1985, 152 Seiten mit 49 Abbildungen. 63,– DM

83 **Ordnen von Werkstücken mit programmierbaren Handhabungsgeräten und Werkstückerkennungssensoren**
Von Ingo Schmidt. ISBN 3-540-15375-6.
1985, 111 Seiten mit 66 Abbildungen. 63,– DM

84 **Systematische Investitionsplanung**
Von Jorge Moser. ISBN 3-540-15370-5.
1985, 190 Seiten mit 69 Abbildungen. 63,– DM

T3 **Montage · Handhabung · Industrieroboter**
Internationaler MHI-Kongreß im Rahmen der Hannover-Messe '85. ISBN 3-540-15500-7.
1985, 267 Seiten mit zahlreichen Abbildungen. 128,– DM

85 **Flexible Montagesysteme – Konzeption und Feinplanung durch Kombination von Elementen**
Von Peter Konold / Bernd Weller. ISBN 3-540-15606-2.
1985, 162 Seiten mit 71 Abbildungen und 9 Tabellen. 63,– DM

T4 **Menschen · Arbeit · Neue Technologien**
4. IAO-Arbeitstagung zusammen mit der 2. Internationalen Konferenz „Human Factors in Manufacturing". ISBN 3-540-15763-8.
1985, 442 Seiten mit zahlreichen Abbildungen. 168,– DM

86 **Leitstandunterstützte kurzfristige Fertigungssteuerung bei Einzel- und Kleinserienfertigung**
Von Lothar Aldinger. ISBN 3-540-15903-7.
1985, 151 Seiten mit 49 Abbildungen und 2 Tabellen. 63,– DM

87 **Bestimmen des Bürstenverhaltens anhand einer Einzelborste**
Von Klaus Przyklenk. ISBN 3-540-15956-8.
1985, 117 Seiten mit 74 Abbildungen. 63,– DM

88 **Montage großvolumiger Produkte mit Industrierobotern**
Von Jörg Walther. ISBN 3-540-16027-2.
1985, 125 Seiten mit 58 Abbildungen. 63,– DM

89 **Algorithmen und Verfahren zur Erstellung innerbetrieblicher Anordnungspläne**
Von Wilhelm Dangelmaier. ISBN 3-540-16144-9.
1986, 268 Seiten mit 79 Abbildungen. 68,– DM

90 **Bewertung der Instandhaltung von Fertigungssystemen in der technischen Investitionsplanung**
Von Hagen U. Uetz. ISBN 3-540-16166-X.
1986, 129 Seiten mit 38 Abbildungen. 68,– DM

91 **Entgraten durch Hochdruckwasserstrahlen**
Von Manfred Schlatter. ISBN 3-540-16172-4.
1986, 167 Seiten mit 89 Abbildungen und 18 Tabellen. 68,– DM

92 **Werkstückorientierte Verfahrensauswahl zum Gußputzen mit Industrierobotern**
Von Wolfgang Sturz. ISBN 3-540-16224-0.
1986, 156 Seiten mit 59 Abbildungen. 68,– DM

93 **Verfahren zur Verringerung von Modell-Mix-Verlusten in Fließmontagen**
Von Reinhard Koether. ISBN 3-540-16499-5.
1986, 175 Seiten mit 46 Abbildungen und 1 Tabelle. 68,– DM

94 **Entwicklung und Einsatz eines interaktiven Verfahrens zur Leistungsabstimmung von Montagesystemen**
Von Gunter Schad. ISBN 3-540-16978-4.
1986, 120 Seiten mit 31 Abbildungen und 1 Tabelle. 68,– DM

95 **Qualifizierung an Industrierobotern**
Von Wolfgang Bachl. ISBN 3-540-17018-9.
1986, 218 Seiten mit 30 Abbildungen. 68,– DM

96 **Rechnersimulation des Beschichtungsprozesses beim Elektrotauchlackieren – Anwendung zum Berechnen des Umgriffs**
Von Otto Baumgärtner. ISBN 3-540-17102-9.
1986, 113 Seiten mit 42 Abbildungen. 68,– DM

97 **Ergonomische Gestaltung von Rotationsstellteilen für grob- und sensomotorische Tätigkeiten**
Von Werner F. Muntzinger. ISBN 3-540-17247-5.
1986, 135 Seiten mit 51 Abbildungen und 33 Tabellen. 68,– DM

98 **Die optische Rauheitsmessung in der Qualitätstechnik**
Von R.-J. Ahlers. ISBN 3-540-17242-4.
1986, 133 Seiten mit 56 Abbildungen und 2 Tabellen. 68,– DM

99 **Maschinelle Spracherkennung zur Verbesserung der Mensch-Maschine-Schnittstelle**
Von Gerhard Rigoll. ISBN 3-540-17350-1.
1986, 134 Seiten mit 55 Abbildungen. 68,– DM

100 **Konzeption und Auswahl modularer Magazinpaletten**
Von Thomas Zipse. ISBN 3-540-17584-9.
1987, 126 Seiten mit 54 Abbildungen. 68,– DM

101 **Anschlüsse an Kupferrohre – Herstellung und Automatisierungsmöglichkeit**
Von Eberhard Rauschnabel. ISBN 3-540-17807-4.
1987, 120 Seiten mit 88 Abbildungen. 68,– DM

102 **Mengen- und ablauforientierte Kapazitätsplanung von Montagesystemen**
Von Hans Sauer. ISBN 3-540-17815-5.
1987, 156 Seiten mit 64 Abbildungen. 68,– DM

103 **Verfahrensinstrumentarium zur Werkstückauswahl und Auslegung von Industrieroboterschweißsystemen**
Von Herbert Gzik. ISBN 3-540-17928-3.
1987, 138 Seiten mit 56 Abbildungen. 68,– DM

104 **Integration von Förder- und Handhabungseinrichtungen**
Von Joachim Schuler. ISBN 3-540-17955-0.
1987, 153 Seiten mit 61 Abbildungen. 68,– DM

105 **Produktionsmengen- und -terminplanung bei mehrstufiger Linienfertigung**
Von H. Kühnle. ISBN 3-540-18038-9.
1987, 124 Seiten mit 25 Abbildungen. 68,– DM

106 **Untersuchung des Plasmaschneidens zum Gußputzen mit Industrierobotern**
Von Jong-Oh Park. ISBN 3-540-18037-0.
1987, 142 Seiten mit 70 Abbildungen. 68,– DM

107 **Fügen von biegeschlaffen Steckkontakten mit Industrierobotern**
Von Daegab Gweon. ISBN 3-540-18134-2.
1987, 115 Seiten mit 13 Abbildungen. 68,– DM

108 **Entwicklung eines biomechanischen Modells des Hand-Arm-Systems**
Von Georgios Tsotsis. ISBN 3-540-18135-0.
1987, 163 Seiten mit 45 Abbildungen. 68,– DM

109 **Ein Beitrag zur Planungssystematik für die automatisierte flexible Blechteilefertigung**
Von Thomas Weber. ISBN 3-540-18136-9.
1987, 149 Seiten mit 56 Abbildungen. 68,– DM

110 **Entwicklung eines Meßverfahrens zur Bestimmung des Positionier- und Orientierungsverhaltens von Industrierobotern**
Von Günter Schiele. ISBN 3-540-18137-7.
1987, 116 Seiten mit 48 Abbildungen. 68,– DM

111 **Schwingungsbelastung beim Arbeiten mit handgeführten, einachsigen Motormähgeräten**
Von Peter Kern. ISBN 3-540-18193-8.
1987, 145 Seiten mit 43 Abbildungen und 5 Tabellen. 68,– DM

112 **Entwicklung eines berührungslosen Tastsystems für den Einsatz an Koordinatenmeßgeräten**
Von Hie-Sik Kim. ISBN 3-540-18578-X.
1987, 111 Seiten mit 62 Abbildungen und 4 Tabellen. 68,– DM

113 **Qualifizierung an Industrierobotern – Ziele, Inhalte und Methoden**
Von Volker Korndörfer. ISBN 3-540-18618-2.
1987, 318 Seiten mit 100 Abbildungen. 68,– DM

114 **Funktional und räumlich variables und modulares Laborgerätesystem**
Von Alfred Mack. ISBN 3-540-18786-3.
1988, 116 Seiten mit 39 Abbildungen. 73,– DM

115 **Produktrecycling im Maschinenbau**
Von Rolf Steinhilper. ISBN 3-540-18849-5.
1988, 167 Seiten mit 50 Abbildungen. 73,– DM

116 **Integration der montagegerechten Produktgestaltung in den Konstruktionsprozeß**
Von Rudolf Bäßler. ISBN 3-540-19058-9.
1988, 133 Seiten mit 49 Abbildungen. 73,– DM

117 **Ein Algorithmus zur kapazitätsorientierten Bildung von Losen**
Von Tilmann Greiner. ISBN 3-540-19300-6.
1988, 135 Seiten mit 37 Abbildungen. 73,– DM

118 **Kabelbaummontage mit Industrierobotern**
Von Gerd Schlaich. ISBN 3-540-19301-4.
1988, 131 Seiten mit 62 Abbildungen. 73,– DM

119 **Beitrag zur Verbesserung der Fertigungskostentransparenz bei Großserienfertigung mit Produktvielfalt**
Von Albrecht Köhler. ISBN 3-540-19393-6.
1988, 148 Seiten mit 72 Abbildungen. 73,– DM

120 **Entwicklungs- und Planungshilfen zum Aufbau von flexiblen Ordnungssystemen**
Von Rainer Schanz. ISBN 3-540-19394-4.
1988, 104 Seiten mit 48 Abbildungen. 73,– DM

121 **Bestücken von Leiterplatten mit Industrierobotern**
Von Ernst Wolf. ISBN 3-540-50013-8.
1988, 132 Seiten mit 63 Abbildungen. 73,– DM

122 **Verschleißvorgänge beim Querschneiden dünner Bahnen**
Von Thomas Hülsmann. ISBN 3-540-50049-9.
1988, 126 Seiten mit 47 Abbildungen und 5 Tabellen. 73,– DM

123 **Geometrieprüfung in der Fertigungsmeßtechnik mit bildverarbeitenden Systemen**
Von Claus P. Keferstein. ISBN 3-540-50050-2.
1988, 128 Seiten mit 53 Abbildungen. 73,– DM

124 **Modulares Simulationsmodell für die Abläufe in verketteten Fertigungszellen mit Industrierobotern**
Von Kum-Hoan Kuk. ISBN 3-540-50069-3.
1988, 130 Seiten mit 57 Abbildungen. 73,– DM

125 **Montage von Schläuchen mit Industrierobotern**
Von Bruno Frankenhauser. ISBN 3-540-50072-3.
1988, 139 Seiten mit 63 Abbildungen. 73,– DM

126 **Kommissioniersystem mit Roboter und Mehrstückgreifer**
Von Klaus Baumeister. ISBN 3-540-50133-9.
1988, 104 Seiten mit 53 Abbildungen. 73,– DM

127 **Sensorunterstütztes Programmierverfahren für das Entgraten mit Industrierobotern**
Von Dieter Boley. ISBN 3-540-50175-4.
1988, 128 Seiten mit 67 Abbildungen. 73,– DM

128 **Die Arbeitsraumgestaltung manueller Montagearbeitsplätze mit graphischen und wissensbasierten Methoden**
Von Klaus Lay. ISBN 3-540-50259-9.
1988, 129 Seiten mit 50 Abbildungen und 7 Tabellen. 73,– DM

129 **Automatisierung des Biegerichtens**
Von Stefan Thiel. ISBN 3-540-50432-X.
1988, 142 Seiten mit 57 Abbildungen und 5 Tabellen. 73,– DM

130 **Rechnergestützte Verfahren zur Auslegung der Mechanik von Industrierobotern**
Von Martin-Christoph Wanner. ISBN 3-540-50640-3.
1989, 202 Seiten mit 80 Abbildungen. 73,– DM

131 **Entwicklung eines bestandsorientierten Fertigungssteuerungssystems für die Großserienfertigung am Beispiel des Automobilbaus**
Von G. Hachtel. ISBN 3-540-50639-X.
1989, 163 Seiten mit 34 Abbildungen und 6 Tabellen. 73,– DM

132 **Ergonomische Gestaltung der Benutzerschnittstelle am Antriebssystem des Greifreifenrollstuhls**
Von Ludwig Traut. ISBN 3-540-50877-5.
1989, 210 Seiten mit 127 Abbildungen. 73,– DM

133 **Planung taktzeitoptimierter flexibler Montagestationen**
Von Joachim Schöninger. ISBN 3-540-50896-1.
1989, 122 Seiten mit 47 Abbildungen. 73,– DM

134 **Ein Modell für ein integriertes Qualitäts- und Prüfplanungssystem in der Montage**
Von Josef R. Kring. ISBN 3-540-51195-4.
1989, 140 Seiten mit 60 Abbildungen. 73,– DM

135 **Fertigungsstrukturierung auf der Basis von Teilefamilien**
Von Manfred Auch. ISBN 3-540-51290-X.
1989, 138 Seiten mit 34 Abbildungen. 73,– DM

136 **Kollisionsbehandlung als Grundbaustein eines modularen Industrieroboter-Off-line-Programmiersystems**
Von Andreas Altenhein. ISBN 3-540-51418-X.
1989, 129 Seiten mit 53 Abbildungen. 73,– DM

137 **Ein Beitrag zur Planung und Bewertung Neuer Arbeitsstrukturen in NE-Metallgießereien Dargestellt am Beispiel der Fertigungsinsel**
Von Horst Nespeta. ISBN 3-540-51419-8.
1989, 157 Seiten mit 58 Abbildungen. 73,– DM

138 **Verfahren zur Prüfung der Partikelkontamination in Versorgungssystemen für hochreine Flüssigkeiten**
Von Rolf Herz. ISBN 3-540-51457-0.
1989, 123 Seiten mit 61 Abbildungen. 73,– DM

139 **Messung gekrümmter Flächen mit berührungslosen Verfahren**
Von Leo Schreiber. ISBN 3-540-51493-7.
1989, 119 Seiten mit 72 Abbildungen. 73,– DM

140 **Automatisiertes Lackieren mit steuerbaren Spritzpistolen**
Von Konrad A. Ortlieb. ISBN 3-540-51518-6.
1989, 121 Seiten mit 45 Abbildungen. 73,– DM

141 **Grundlagen zur Entwicklung reinraumtauglicher Handhabungssysteme**
Von Jürgen Geißinger. ISBN 3-540-51959-9.
1989, 124 Seiten mit 82 Abbildungen. 73,– DM

142 **CAD-Video-Somatographie**
Entwicklung und Bewertung einer Methode zur anthropometrischen Arbeitsgestaltung
Von Dieter Lorenz. ISBN 3-540-52163-1.
1989, 169 Seiten mit 61 Abbildungen. 73,– DM

143 **Eine Systemarchitektur für die Gestaltung und das Management verteilter Informationssysteme**
Von Andreas J. Ness. ISBN 3-540-52224-7.
1990, 203 Seiten mit 62 Abbildungen. 78,– DM

144 **Untersuchungen über den optisch-physiologischen Eindruck der Oberflächenstruktur von Lackfilmen**
Von Horst Schene. ISBN 3-540-52226-3.
1990, 149 Seiten mit 106 Abbildungen. 78,– DM

145 **Planungsmethodik für ein Qualitätskostensystem**
Von Alfred Rauba. ISBN 3-540-52477-0.
1990, 166 Seiten mit 73 Abbildungen. 78,– DM

146 **Kleinserienbestückung von Leiterplatten mit bedrahteten Bauelementen durch Industrieroboter**
Von Martin Domm. ISBN 3-540-52867-9.
1990, 106 Seiten mit 48 Abbildungen. 78,– DM

147 **Sensor- und Steuerungssystem für die leitlinienlose Führung automatischer Flurförderzeuge**
Von Gerhard Drunk. ISBN 3-540-53033-9.
1990, 135 Seiten mit 52 Abbildungen. 78,– DM

148 **Ein System zur wissensbasierten Diagnose an CNC-Werkzeugmaschinen durch den Maschinenbediener**
Von Klaus-Peter Fähnrich. ISBN 3-540-53034-7.
1990, 132 Seiten mit 48 Abbildungen und 18 Tabellen. 78,– DM

149 **Werkstückbegleitender Informationsspeicher als Basis für ein informationstechnisches Konzept für Halbleiterfertigungen**
Von Klaus-Dieter Sauter. ISBN 3-540-53236-6.
1990, 115 Seiten mit 55 Abbildungen. 78,– DM

150 **Ein Planungsverfahren zur Erkennung und Bewältigung von Material- und Kapazitätsengpässen bei mehrstufiger Linienfertigung**
Von Ralf-Michael Fuchs. ISBN 3-540-53271-4.
1990, 176 Seiten mit 65 Abbildungen. 78,– DM

151 **Montage von Schrauben mit Industrierobotern**
Von Gernot E. Fischer. ISBN 3-540-53519-5.
1990, 97 Seiten mit 37 Abbildungen. 78,– DM

152 **Flächenorientierte Termin- und Kapazitätsplanung bei innerbetrieblicher Baustellenfertigung**
Von Rolf Schlauch. ISBN 3-540-53584-5.
1990, 130 Seiten mit 53 Abbildungen. 78,– DM

153 **Wissensbasierte Entscheidungsunterstützung bei der Auswahl von Industrierobotern**
Von Günter Jordan. ISBN 3-540-53744-9.
1991, 116 Seiten mit 49 Abbildungen. 78,– DM

154 **Simulationssystem für Fertigungsprozesse mit Stückgutcharakter**
Ein gegenstandsorientiertes System mit parametrisierter Netzwerkmodellierung
Von Bernd-Dietmar Becker. ISBN 3-540-53847-X.
1991, 162 Seiten mit 48 Abbildungen und 47 Tabellen. 78,– DM

155 **Algorithmen der Sprachverarbeitung zur Entwicklung eines vollsynthetischen Sprachausgabesystems**
Von Gerhard Rigoll. ISBN 3-540-53870-4.
1991, 321 Seiten mit 235 Abbildungen. 78,– DM

156 **Wissensbasierte CAD-Systemkomponente zum Entwurf montagegerechter Produkte**
Von Ralph Richter. ISBN 3-540-54725-8.
1991, 137 Seiten mit 56 Abbildungen. 78,– DM

157 **Heftschweißverfahren für das Lagefixieren von Werkstücken beim Schutzgasschweißen mit Industrierobotern**
Von Carsten Martin Claussen. ISBN 3-540-54951-X.
1991, 140 Seiten mit 43 Abbildungen. 78,– DM

158 **Ein Beitrag zur Meßdatenverarbeitung in der Koordinatenmeßtechnik**
Von Thomas Garbrecht. ISBN 3-540-55030-5.
1991, 135 Seiten mit 94 Abbildungen und 5 Tabellen. 78,– DM

159 **Ein Beitrag zur Planung und Optimierung der Verfahrensteilung in der Fertigung**
Von Hans-Peter Roth. ISBN 3-540-55113-1.
1992, 130 Seiten mit 50 Abbildungen. 78,– DM

160 **Flexible Montage von Leitungssätzen mit Industrierobotern**
Von Herbert H. Emmerich ISBN 3-540-55227-8.
1992, 135 Seiten mit 70 Abbildungen. 88,– DM

161 **Toleranzausgleichssysteme für Industrieroboter am Beispiel des feinwerktechnischen Bolzen-Loch-Problems**
Von Uwe Schweigert ISBN 3-540-55228-6.
1992, 119 Seiten mit 61 Abbildungen. 88,– DM

162 **Entwicklung eines interaktiven Simulators auf der Basis von Petri-Netzen zur Modellierung und Bewertung hybrider Montagestrukturen**
Von W. Schweizer ISBN 3-540-55229-4.
1992, 159 Seiten mit 76 Abbildungen. 88,– DM

163 **Entwicklung eines Verfahrens zur rechnerunterstützten Gestaltung verteilter Informationssysteme**
Von Friedemann Reim ISBN 3-540-55269-3.
1992, 151 Seiten mit 43 Abbildungen. 88,– DM

164 **EDV-gestützte Planungs- und Entscheidungshilfen zur Auslegung von Produktionsstrukturen mit strukturkostenoptimierten Dezentralen Verantwortungsbereichen**
Von Ulrich Hallwachs ISBN 3-540-55477-7.
1992, 186 Seiten mit 66 Abbildungen. 88,– DM

165 **Strömungstechnische Auslegung reinraumtauglicher Fertigungseinrichtungen**
Von Elmar Degenhart ISBN 3-540-55478-5.
1992, 137 Seiten mit 72 Abbildungen. 88,– DM

166 **Synthese und Simulation dreidimensionaler Hand-Arm-Bewegungen an manuellen Montagearbeitsplätzen**
Von Raimund Menges ISBN 3-540-55752-0.
1992, 215 Seiten mit 70 Abbildungen. 88,– DM

167 **Bewertung inhomogener fraktaler Strukturen und Skalenanalyse von Texturen**
Von Uwe Müssigmann ISBN 3-540-55796-2.
1992, 99 Seiten mit 43 Abbildungen. 88,– DM

168 **Ein Informationssystem für Instandhaltungsleitstellen**
Von Wilfried Sihn ISBN 3-540-55853-5.
1992, 167 Seiten mit 67 Abbildungen. 88,– DM

169 **Verfahren zum automatischen Palettieren von quaderförmigen Packstücken im beliebigen Sortenmix**
Von Walter Michael Strommer ISBN 3-540-55922-1.
1992, 105 Seiten mit 47 Abbildungen. 88,– DM

170 **Planung der Kinematik von Industrierobotersystemen zum Schutzgasschweißen im Schiffbau**
Von Wolfgang Utner ISBN 3-540-55923-X.
1992, 134 Seiten mit 31 Abbildungen und 3 Tabellen. 88,– DM

171 **Montage von Pressverbindungen mit Industrierobotern**
Von Günther Würtz ISBN 3-540-56300-8.
1992, 124 Seiten mit 55 Abbildungen. 88,– DM

172 **Rationalisierungspotential der montagegerechten Produktgestaltung bei der Montage mit Industrierobotern**
Von Thomas Schmaus ISBN 3-540-56400-4.
1992, 122 Seiten mit 55 Abbildungen. 88,– DM

173 **Erhöhung der Variantenflexibilität in Mehrmodell-Montagesystemen durch ein Verfahren zur Leistungsabstimmung**
Von Felix Fremerey ISBN 3-540-56549-3.
1993, 150 Seiten mit 38 Abbildungen und 6 Tabellen. 88,– DM

174 **Automatische Montage von O-Ringen**
Von Johannes F. Wößner ISBN 3-540-56657-0.
1993, 94 Seiten mit 43 Abbildungen. 88,– DM

175 **Systeme kombinierter multimodaler Mensch-Rechner-Interaktionen**
Von Karl-Heinz Hanne ISBN 3-540-56687-2.
1993, 131 Seiten mit 46 Abbildungen. 88,– DM

176 **Regelbasiertes Verfahren zur Montageablaufplanung in der Serienfertigung**
Von Klaus Thaler ISBN 3-540-56829-8.
1993, 132 Seiten mit 63 Abbildungen. 88,– DM

177 **Rechnergestütztes Bediensystem für einen Telemanipulator zur Sanierung von gemauerten Abwasserkanälen**
Von Kurt Alexander Schließmann ISBN 3-540-56875-1.
1993, 135 Seiten mit 57 Abbildungen und 7 Tabellen. 88,– DM

178 **Konturantastende und optoelektronische Koordinatenmeßgeräte für den industriellen Einsatz**
Von Wolfgang Rauh ISBN 3-540-56876-X.
1993, 124 Seiten mit 43 Abbildungen. 88,– DM

179 **Konzeption für ein Sensor- und Steuerungssystem zur automatischen Führung eines Walzenschrämladers entlang der Grenzlinie von Kohle und Nebengestein**
Von Stephan Matthias Forster ISBN 3-540-57159-0.
1993, 147 Seiten mit 63 Abbildungen. 88,– DM

180 **Ein dreidimensionales Bildverarbeitungssystem für die Automatisierung visueller Prüfvorgänge**
Von Jianzhong Lu ISBN 3-540-57160-4.
1993, 113 Seiten mit 45 Abbildungen und 2 Tabellen. 88,– DM

181 **Erschließung technischer und organisatorischer Potentiale durch die Komplettbearbeitung auf Drehmaschinen mit Hilfe der Teileanalyse**
Von Helmut Schaal ISBN 3-540-57212-0.
1993, 126 Seiten mit 42 Abbildungen und 2 Tabellen. 88,– DM

182 **Prüfverfahren zur Untersuchung der Partikelreinheit technischer Oberflächen**
Von Bernhard Klumpp ISBN 3-540-57302-X.
1993, 108 Seiten mit 50 Abbildungen. 88,– DM

183 **Automatisierung der Justage von Drehankerrelais**
Von G. Krüll ISBN 3-540-57303-8.
1993, 113 Seiten mit 59 Abbildungen. 88,– DM

184 **Prozeßstrukturen der chemischen Vernickelung**
Von Hans Gut ISBN 3-540-57304-6.
1993, 108 Seiten mit 37 Abbildungen und 5 Tabellen. 88,– DM

185 **Ein Verfahren zur Konstruktion anwendungoptimierter Ultraschallsensoren auf der Basis von Schallkanälen**
Von Achim Langen ISBN 3-540-57376-3.
1993, 140 Seiten mit 72 Abbildungen. 88,– DM

186 **Ein rechnerunterstütztes System für die technische Dokumentation und Übersetzung**
Von Renate Mayer ISBN 3-540-57409-3.
1993, 126 Seiten mit 59 Abbildungen. 88,– DM

187 **Theoretische und experimentelle Untersuchungen an dreidimensionalen Wirbelströmungen für industrielle Absauganlagen**
Von Wolf-Jürgen Denner ISBN 3-540-57410-7.
1993, 141 Seiten mit 78 Abbildungen und 10 Tabellen. 88,– DM

188 **Planungsmethodik für den Aufbau von Qualitätssicherungssystemen in kleinen und mittleren Produktionsunternehmen**
Von Rainer Hummel ISBN 3-540-57727-0.
1993, 221 Seiten mit 114 Abbildungen und 6 Tabellen. 88,– DM

189 **Plasmamodifikation von Kunststoffoberflächen zur Haftfestigkeitssteigerung von Metallschichten**
Von Dieter Andreas Mann ISBN 3-540-57745-9.
1994, 133 Seiten mit 83 Abbildungen und 6 Tabellen. 88,– DM

190 **Softwareentwicklung für speicherprogrammierbare Steuerungen im integrierten, rechnergestützten Konstruktionsprozeß**
Von Kornelius Hengel ISBN 3-540-57765-3.
1994, 133 Seiten mit 48 Abbildungen. 88,– DM

191 **Vorrichtungssysteme für die flexibel automatisierte Montage**
Von Armin Willy ISBN 3-540-57784-X.
1994, 121 Seiten mit 60 Abbildungen. 88,– DM

192 **Wissensbasiertes Selbstheilungs- und Diagnosesystem für CNC-Koordinatenmeßgeräte**
Von Wilhelm Steger ISBN 3-540-57829-3.
1994, 147 Seiten mit 79 Abbildungen. 88,– DM

193 **Modell für ein rechnerunterstütztes Qualitätssicherungssystem gemäß DIN ISO 9000 ff.**
Von Ulrich Lübbe ISBN 3-540-57831-5.
1994, 152 Seiten mit 59 Abbildungen. 88,– DM

194 **Vorgehenssystematik zum Prototyping graphisch-interaktiver Audio/Video-Schnittstellen**
Von Claus Görner ISBN 3-540-57886-2.
1994, 181 Seiten mit 66 Abbildungen. 88,– DM

195 **Bewertung von Rechnerinvestitionen durch den Vergleich von Wertschöpfungsketten**
Von Christian F. Mayer ISBN 3-540-57969-9.
1994, 144 Seiten mit 45 Abbildungen und 24 Tabellen. 88,– DM

196 **Ein Verfahren zur kostenorientierten Produktionsprogramm- und Kapazitätsplanung bei losweiser Montage**
Von J. Kurz ISBN 3-540-57971-0.
1994, 124 Seiten mit 26 Abbildungen und 3 Tabellen. 88,– DM

197 **Direktmontage von Leitungen mit Industrierobotern**
Von Stefan Koller ISBN 3-540-58224-X.
1994, 105 Seiten mit 52 Abbildungen. 88,– DM

198 **Eine objektorientierte Architektur für Leitstände zur Feinplanung**
Von Thomas Otterbein ISBN 3-540-58273-8.
1994, 183 Seiten mit 90 Abbildungen. 88,– DM

199 **Erhöhung der Fertigungssicherheit und -qualität beim Hochdruckwasserstrahlen durch den Einsatz von Sensoren**
Von Michael Knaupp ISBN 3-540-58440-4.
1994, 117 Seiten mit 101 Abbildungen. 88,– DM

200 **Verfahren zur Bewertung von Auftrags-Durchlaufzeiten in den indirekt-produktiven Bereichen von Maschinenbau-Unternehmen**
Von Robert Müller ISBN 3-540-58478-1.
1994, 152 Seiten mit 32 Abbildungen. 88,– DM

201 **Verfahrensprüfstand für das Bearbeiten mit Industrierobotern**
Von Peter Schlaich ISBN 3-540-58510-9.
1994, 114 Seiten mit 60 Abbildungen. 88,– DM

202 **Entwicklung und Optimierung von Prozeßkomponenten zur ionenunterstützten Abscheidung bei PVD-Verfahren**
Von Walter Olbrich ISBN 3-540-58511-7.
1994, 126 Seiten mit 62 Abbildungen und 7 Tabellen. 88,– DM

203 **Verfahren der Konturanalyse zur Automatisierung visueller Prüfvorgänge**
Von Knut Kille ISBN 3-540-58513-3.
1994, 105 Seiten mit 50 Abbildungen und 15 Tabellen. 88,– DM

204 **Verfahren zur Verbesserung der Ausfallsicherheit verteilter Informationssysteme**
Von Helmut Meitner ISBN 3-540-58623-7.
1995, 196 Seiten mit 54 Abbildungen und 13 Tabellen. 88,– DM

205 **Ein unscharfes Planungsverfahren zur mittelfristigen Personalkapazitätsanpassung für die bedarfsorientierte Serienproduktion**
Von Hans-Jürgen Braun ISBN 3-540-58819-1.
1995, 164 Seiten mit 40 Abbildungen und 10 Tabellen. 88,– DM

206 **Rechnergestützte Auslegungsverfahren für Großmanipulatoren mit Gelenkarmkinematik**
Von Werner Engeln ISBN 3-540-58871-X.
1995, 135 Seiten mit 52 Abbildungen und 18 Tabellen. 88,– DM

207 **Montagestrukturplanung für variantenreiche Serienprodukte**
Von Ulrich Zeile ISBN 3-540-58937-6.
1995, 122 Seiten mit 65 Abbildungen. 88,– DM

208 **Entwicklung eines objektorientierten Informationssystems zur optimierten Werkstoffauswahl**
Von Dietmar R. Fischer ISBN 3-540-58938-4.
1995, 193 Seiten mit 37 Abbildungen und 14 Tabellen. 88,– DM

209 **Entwicklung einer flexibel automatisierten Nähanlage**
Von Oliver Krockenberger ISBN 3-540-58939-2.
1995, 122 Seiten mit 75 Abbildungen. 88,– DM

210 **Ultraschallbahnschweißen von Kunststoffteilen mit Industrierobotern**
Von Thomas Wagner ISBN 3-540-58940-6.
1995, 93 Seiten mit 37 Abbildungen. 88,– DM

211 **Flexibel automatisierte Montage hochpoliger Rundkabel**
Von Ralf Cramer ISBN 3-540-58979-1.
1995, 116 Seiten mit 59 Abbildungen. 88,– DM

212 **Automatische Reparatur elektronischer Baugruppen**
Von Thomas Leicht ISBN 3-540-59015-3.
1995, 99 Seiten mit 46 Abbildungen. 88,– DM

213 **Montage von Schlauchschellen mit Industrierobotern**
Von Herbert Dreher ISBN 3-540-59035-8.
1995, 103 Seiten mit 63 Abbildungen. 88,– DM

214 **Arbeitsprogrammgenerierung zum Schutzgasschweißen mit Industrierobotersystemen im Schiffbau**
Von Peter Schmid ISBN 3-540-59058-7.
1995, 131 Seiten mit 42 Abbildungen. 88,– DM

215 **Flexible Demontage mit dem Industrieroboter am Beispiel von Fernsprech-Endgeräten**
Von Martin Kahmeyer ISBN 3-540-59390-X.
1995, 99 Seiten mit 52 Abbildungen. 88,– DM

216 **Der logisch-pragmatische Gebrauch von Konditionalsätzen. Eine dialog-logische Analyse**
Von Antonius Jacobus Maria van Hoof ISBN 3-540-59463-9.
1995, 146 Seiten mit 65 Abbildungen. 88,– DM

217 **Arbeits- und organisationspsychologische Interventionen bei der Einführung von Gruppenarbeit in dezentral ausgerichteten Fertigungsinseln**
Von Manfred Schlund ISBN 3-540-60012-4.
1995, 426 Seiten mit 24 Abbildungen und 29 Tabellen. 88,– DM

218 **Herstellung geformter Schläuche mit Formdornen aus Formgedächtnislegierung**
Von Thomas Weisener ISBN 3-540-60019-1.
1995, 88 Seiten mit 48 Abbildungen. 88,– DM

219 **Benutzerwerkzeuge an Fertigungssteuerungs-Leitständen**
Von Manfred Kroneberg ISBN 3-540-60096-5.
1995, 154 Seiten mit 84 Abbildungen. 88,– DM

220 **Werkstattsteuerung mit genetischen Algorithmen und simulativer Bewertung**
Von Jörg Schulte ISBN 3-540-60281-X.
1995, 163 Seiten mit 55 Abbildungen und 7 Tabellen. 88,– DM

221 **Ein Verfahren zur automatischen Generierung von softwareergonomisch gestalteten Benutzungsoberflächen**
Von Anette Weisbecker ISBN 3-540-60242-9.
1995, 140 Seiten mit 38 Abbildungen und 48 Tabellen. 88,– DM

222 **Verfahren zur Reduzierung der Hand-Arm-Schwingungsbelastung an Trennschleifern**
Von Rainer Eckert ISBN 3-540-60282-8.
1995, 187 Seiten mit 80 Abbildungen und 23 Tabellen. 88,– DM

223 **Individualisierbare heuristische Einplanung für rechnerbasierte Leitstände**
Von Andreas Huthmann ISBN 3-540-60424-3.
1995, 137 Seiten mit 74 Abbildungen. 88,– DM

224 **Recycling von Wasserlackoverspray durch Elektrophorese**
Von Klaus Berewinkel ISBN 3-540-60519-3.
1996, 177 Seiten mit 75 Abbildungen. 88,– DM

225 **Wissensbasierte Programmierung von Industrierobotern zum Schutzgasschweißen im Stahlhochbau**
Von Christoph Hartfuss ISBN 3-540-60661-0.
1996, 123 Seiten mit 48 Abbildungen. 88,– DM

Die Bände sind im Erscheinungsjahr und in den folgenden drei Kalenderjahren zu beziehen durch den örtlichen Buchhandel oder durch Lange & Springer, Otto-Suhr-Allee 26-28, 10585 Berlin.

GPSR Compliance

The European Union's (EU) General Product Safety Regulation (GPSR) is a set of rules that requires consumer products to be safe and our obligations to ensure this.

If you have any concerns about our products, you can contact us on ProductSafety@springernature.com

In case Publisher is established outside the EU, the EU authorized representative is:

Springer Nature Customer Service Center GmbH
Europaplatz 3
69115 Heidelberg, Germany

Batch number: 10854090

Printed by Printforce, the Netherlands